数学写真集（第 4 季）
——直观思考的进阶

[美] 罗杰 B. 尼尔森（Roger B. Nelsen） 著
管　涛　顾　森　范兴亚　程晓亮　朱一心　译

机 械 工 业 出 版 社

本书由近百个“无字证明”组成。无字证明（Proofs Without Words）也叫作“无需语言的证明”，一般是指仅用图像而无需语言解释就能不证自明的数学结论。无字证明往往是指一个特定的图片，有时也配有少量解释说明。本书正是因为图片丰富而趣味十足，所以取名为数学写真集。

本书是数学爱好者的休闲读物，也是中学生和大学生的课外参考书，还是数学教师的教学素材。

图书在版编目（CIP）数据

数学写真集. 第4季，直观思考的进阶/(美) 罗杰 B. 尼尔森（Roger B. Nelsen）著；管涛等译. —北京：机械工业出版社，2017.3（2024.10 重印）

书名原文：Proofs Without Words Ⅲ：Further Exercises in Visual Thinking

ISBN 978-7-111-56168-2

Ⅰ. ①数… Ⅱ. ①罗… ②管… Ⅲ. ①数学-通俗读物 Ⅳ. ①O1-49

中国版本图书馆 CIP 数据核字（2017）第 037088 号

机械工业出版社（北京市百万庄大街22号 邮政编码100037）
策划编辑：韩效杰 责任编辑：韩效杰 汤 嘉
责任校对：陈 越 封面设计：路恩中
责任印制：单爱军
北京虎彩文化传播有限公司印刷
2024年10月第1版第9次印刷
169mm×239mm · 12.5 印张 · 184 千字
标准书号：ISBN 978-7-111-56168-2
定价：39.00 元

凡购本书，如有缺页、倒页、脱页，由本社发行部调换

电话服务	网络服务
服务咨询热线：010-88361066	机工官网：www.cmpbook.com
读者购书热线：010-68326294	机工官博：weibo.com/cmp1952
010-88379203	金书网：www.golden-book.com
封面无防伪标均为盗版	教育服务网：www.cmpedu.com

前言

一个无趣的证明可以用一个几何类比作为一个补充，这样定理的优美性和正确性几乎瞥一眼就能看得到。——马丁·加德纳

在美国数学协会1993年出版《数学写真集（第1季）—无需语言的证明》后的一年，威廉·德汉姆在他的《数学领域——一次按字母顺序排列的伟大证明、问题及知名学者的数学之旅》一书中写道：

> 数学家欣赏的证明是灵巧的，但是数学家特别欣赏的证明是既灵巧又经济的。这些证明仅需很少的论证，而即使是这些很少的论证也能够直接指向问题的核心，并且一针见血地达到证明的目标。这样的证明确实是优美的。
>
> 数学的优美不同于其他创意的活动。它和莫奈用很少且灵巧的绘画技巧在帆布上描绘出法国的风景有些类似，也和用三行俳句诗去描绘出比其语言能够达到的多得多的意境类似。优美的极致是艺术而非数学性质。
>
> 一种被数学家们叫作“无字证明”的东西就能实现极致的优美。在“无字证明”中富有启发意义的构图立刻传递一种证明而不需要任何解释，这种感觉让人感到再优美不过了。

自从上述书籍出版后，第二个合集《数学写真集（第2季）—无需语言的证明》由美国数学协会于2000年出版，而本书是“无字证明”的第三本合集。㊀我必须承认，这本书像前两本一样，必然是不完整的。它并没有包含从第二本合集出版以来的所有的无字证明，也没有包括前两本写真集中忽略的全部。作为美国数学协会期刊的读者，我们深知，新的无字证明在纸媒上出现得很频繁，而且现在还会在互联网上以一种纸媒更优越的形式出现，它可以动还可以与读者交互。

㊀ 本书为作者罗杰B. 尼尔森编的第三本无字证明，翻译为中文纳入数学写真集（第4季）——编辑注

我希望阅读这本合集的读者在发现或者重拾某些数学思想的直观展示的过程中能享受到乐趣。我希望老师们能将书中的内容与学生们分享，我希望每个人都能受到激励和鼓舞，去创造新的无字证明。

致谢：在此我想表达我对贡献无字证明这种数学文化的人们的感谢与感激，他们的名字在本书的第184～187页。没有他们，这本书是不可能存在的。感谢苏珊·斯特普尔斯和她的课堂教学资源团队细心地阅读本书的初稿并提出了许多有益的建议。同时在本书出版过程中也必须感谢美国数学协会的出版人员卡罗尔·巴克斯特、贝弗利·鲁埃迪和萨马莎·韦伯的鼓励、建议以及努力的工作。

罗杰 B. 尼尔森（Roger B. Nelsen）

路易克拉克大学

俄勒冈州　波特兰

原书作者注：1. 为了形成一个统一的外观，书中所有图形重新描绘过。在一些例子中标题改变了，并且为了更清楚，增加（减少）了一些阴影和符号。在这一过程中的任何错误都是我的责任。

2. 我们用不同的罗马数字区分同一个定理不同的无字证明，而且这种编号次序从《数学写真集 （第1季）—无需语言的证明》和《数学写真集 （第2季）—无需语言的证明》一直沿用。比如，毕达哥拉斯定理在第1季中有6个，在第2季中还有几个，这个定理在本书中从毕达哥拉斯定理ⅩⅢ开始编号。

3. 有些无字证明是以数学竞赛，比如普特南数学竞赛、哈萨克斯坦国家数学竞赛中的问题与解的形式给出的。但是，具体用这种解法能得多少分我们不能确定。因为，在数学竞赛中，比方说普特南数学竞赛中，要求选手将证明的每个必要步骤都说清楚才能获得满分。

目　录

外围三角形之外……32
和为45°的角……33
三等分线段Ⅱ……34
面积和恒定的两个正方形……35
面积和恒定的四个正方形……36
圆里和半圆里的正方形……38
圣诞树问题……39
“鞋匠之刀”的面积……40
“盐窖”的面积……41
直角三角形的面积……42
正十二边形的面积Ⅱ……43
四个月牙形的面积之和等于一个正方形的面积……44
月牙形和正六边形……45
三棱锥的体积……46
代数式的面积Ⅳ……47
合比与分比——一个关于比例的定理……48
配成完全平方Ⅱ……49
坎迪多恒等式……50
三角、微积分与解析几何……51
两角和或差的正弦（通过正弦定理证明）……53
两角差的余弦Ⅰ……54
两角和的正弦Ⅳ以及两角差的余弦Ⅱ……55
二倍角公式Ⅳ……56
欧拉正切半角公式……57
三倍角的正弦、余弦公式Ⅰ……58
三倍角的正弦、余弦公式Ⅱ……59
15°角和75°角的三角函数……60
18°角及其整倍数的三角函数……61
莫尔韦德等式Ⅱ……62
一般三角形中的牛顿公式……63
三角形的一个正弦恒等式……64
正余函数之和……65
正切定理Ⅰ……66
正切定理Ⅱ……67

想找 $x+y=xy$ 的一组解？ …… 68
$\sec x+\tan x$ 的一个恒等式 …… 69
正切乘积的和 …… 70
三个正切的和与积 …… 71
正切的乘积 …… 72
反正切的和Ⅱ …… 73
一个图形，五个反正切恒等式 …… 74
赫顿和斯特拉尼斯基公式 …… 75
一个反正切恒等式 …… 76
欧拉反正切恒等式 …… 77
函数 $a\cos t+b\sin t$ 的极值 …… 78
最小面积问题 …… 79
正弦的导数 …… 80
正切的导数 …… 81
一个极限的几何求值Ⅱ …… 82
一个数及其倒数的对数 …… 83
单位双曲线围出的等面积区域 …… 84
魏尔斯特拉斯替换法Ⅱ …… 85
看，无需换元！ …… 86
自然对数的积分 …… 87
$\cos^2\theta$ 和 $\sec^2\theta$ 的积分 …… 88
一个部分分式分解 …… 89
积分变换 …… 90
不等式 …… 91
算术平均-几何平均不等式Ⅶ …… 93
算术平均-几何平均不等式Ⅷ（通过三角函数证明） …… 94
算术平均-平方平均不等式 …… 95
柯西-施瓦茨不等式Ⅱ（用帕普斯定理*） …… 96
柯西-施瓦茨不等式Ⅲ …… 97
柯西-施瓦茨不等式Ⅳ …… 98
柯西-施瓦茨不等式Ⅴ …… 99
关于直角三角形各种半径的不等式 …… 100
托勒密不等式 …… 101
代数不等式Ⅰ …… 102

代数不等式Ⅱ …… 103
正弦在[0,π]上的次可加性 …… 104
正切在[0,π/2)上的超可加性 …… 105
和为1的两个数的不等式 …… 106
帕多阿不等式 …… 107
与e有关的斯坦纳问题 …… 108
辛普森悖论 …… 109
马尔可夫不等式 …… 110
整数与整数求和 …… 111
奇数和Ⅳ …… 113
奇数和Ⅴ …… 114
奇数的交错和 …… 115
平方和Ⅹ …… 116
平方和Ⅺ …… 117
连续平方数的交错和 …… 118
奇数平方的交错和 …… 119
阿基米德平方和公式 …… 120
通过数三角形计算平方和 …… 121
平方数模3 …… 122
二阶阶乘的和 …… 123
把立方数表示为二重求和 …… 124
把立方数表示为等差数列的和 …… 125
立方和Ⅷ …… 126
连续立方数的差模6余1 …… 127
斐波那契恒等式Ⅱ …… 128
斐波那契地砖 …… 129
斐波那契梯形 …… 130
斐波那契三角形和梯形 …… 131
斐波那契数的平方与立方 …… 132
每个八边形数是两个平方数的差 …… 133
2的幂 …… 134
4的幂的和 …… 135
通过自相似证明n的连续幂的和 …… 136
每个大于1的四次幂都等于两个不连续三角形数的和 …… 137

三角形数的和Ⅴ …… 138
三角形数的交错和Ⅱ …… 139
一串又一串的三角形数 …… 140
每第三个三角形数的和 …… 141
隔项奇数和与三角形数的和 …… 142
三角形数是二项式系数 …… 143
关于三角形数的容斥公式 …… 144
分拆三角形数 …… 145
三角形数恒等式Ⅱ …… 146
三角形数的一个和式 …… 147
带权重的三角形数的和 …… 148
中心三角形数 …… 149
雅各布斯塔尔数 …… 150
无穷级数及其他议题 …… 151
几何级数Ⅴ …… 153
几何级数Ⅵ …… 154
几何级数Ⅶ（通过直角三角形证明） …… 155
几何级数Ⅷ …… 156
几何级数Ⅸ …… 157
几何级数的导数Ⅱ …… 158
几何裂项 …… 159
交错级数Ⅱ …… 160
交错级数Ⅲ …… 161
交错级数审敛法 …… 162
交错调和级数Ⅱ …… 163
伽利略比值Ⅱ …… 164
把筝形裁成扇形 …… 165
非负整数解与三角形数 …… 166
分割蛋糕 …… 167
可重复的无序选择的数目 …… 168
一道普特南数学竞赛题的无字证明 …… 169
毕达哥拉斯三元组 …… 170
毕达哥拉斯四元组 …… 171
$\sqrt{2}$的无理性 …… 172

Z × **Z** 是可数集 ………… 173
前 n 个整数的图论式求和 ………… 174
二项式系数的图论式分解 ………… 175
(0,1)和[0,1]有相同的势 ………… 176
不动点定理 ………… 177
在空间中，四种颜色是不够的 ………… 178
文献索引 ………… 179
英文人名索引 ………… 184
中文人名索引 ………… 186

几何与代数

毕达哥拉斯定理XIII

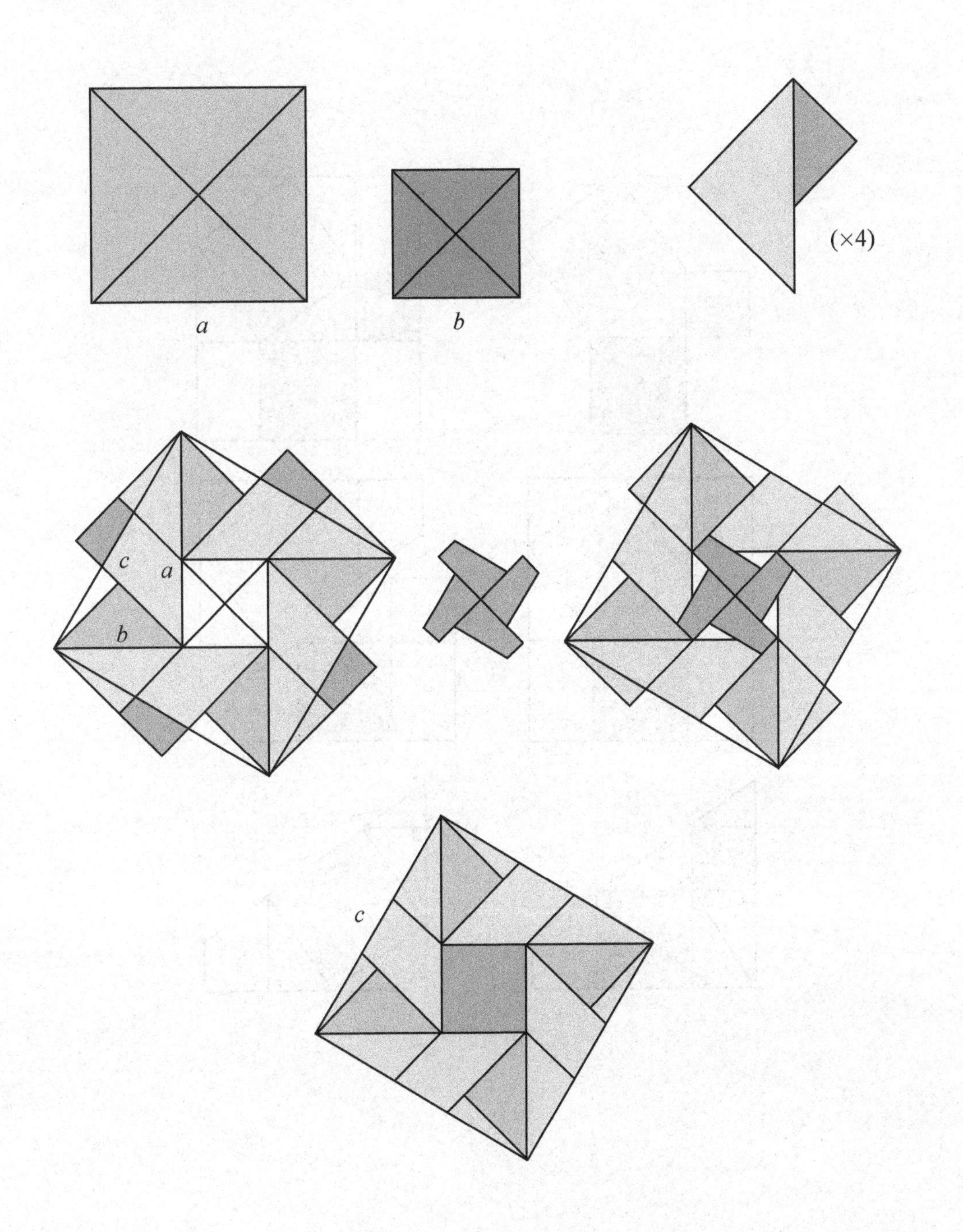

——乔斯 A. 戈麦斯(José A. Gomez)

毕达哥拉斯定理 XIV

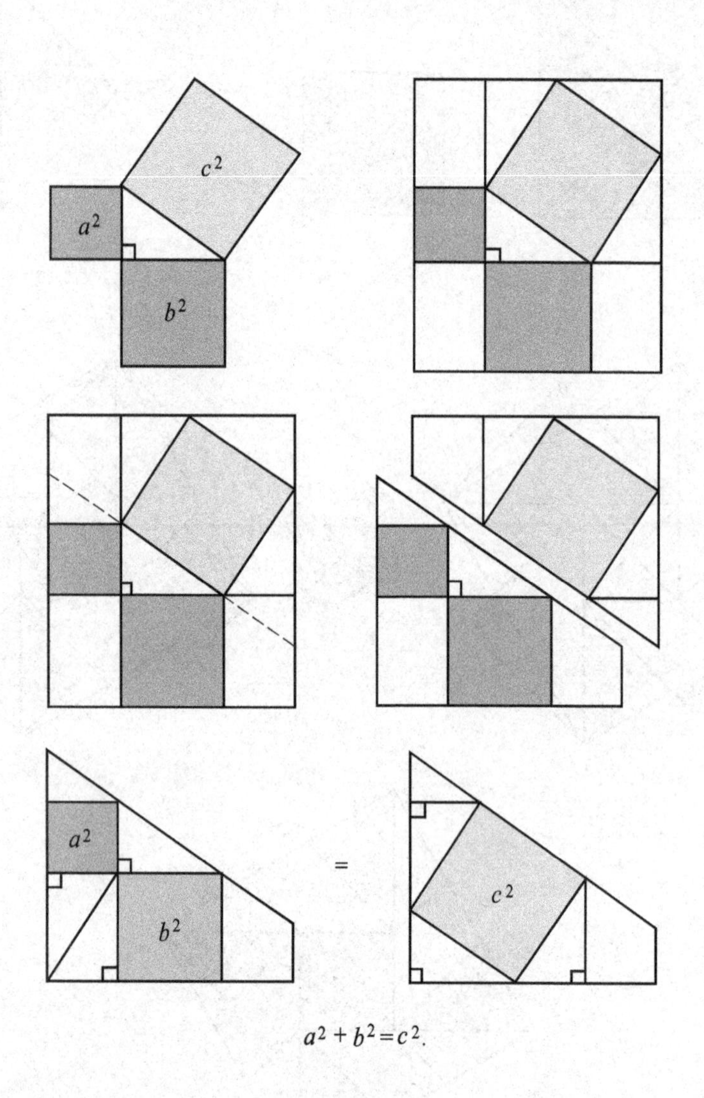

$a^2+b^2=c^2$.

毕达哥拉斯定理XV

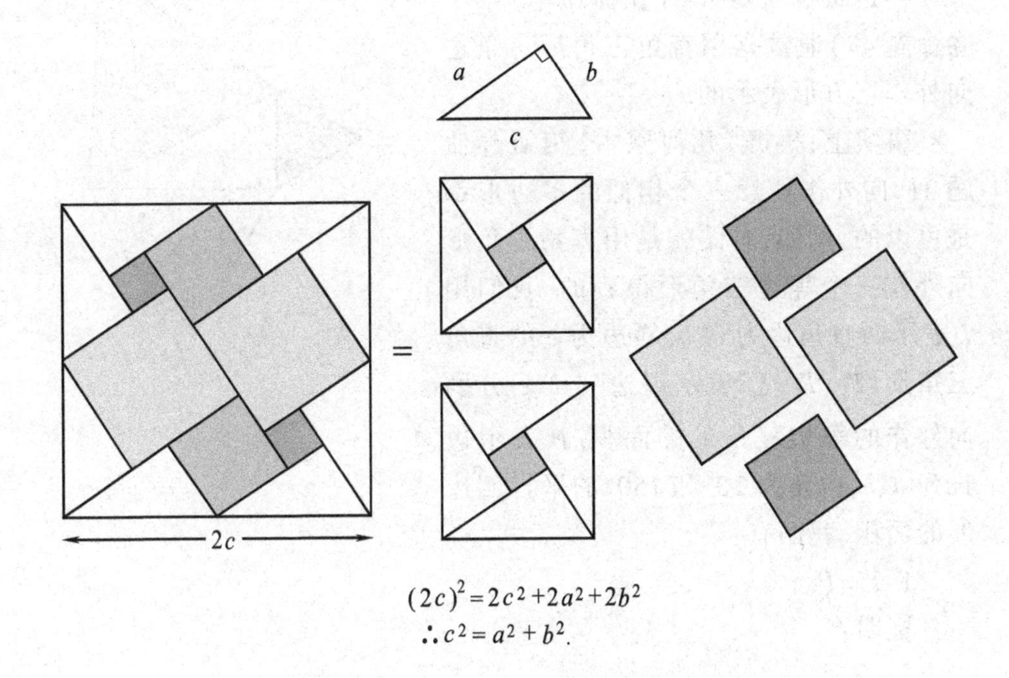

$$(2c)^2 = 2c^2 + 2a^2 + 2b^2$$
$$\therefore c^2 = a^2 + b^2.$$

——许南谷(Nam Gu Heo)

毕达哥拉斯定理XVI

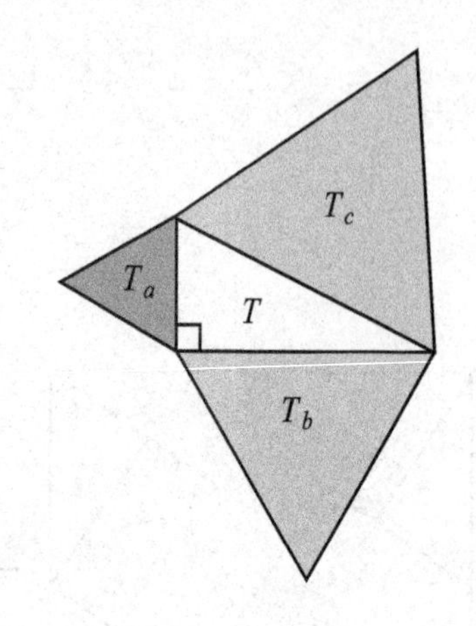

毕达哥拉斯定理(《几何原本》第Ⅰ卷命题47)通常是用直角三角形每条边向外作正方形表示的.

事实上,根据《几何原本》第Ⅵ卷命题31,向外作任意三个相似的多边形都是可以的,例如,右图就是用直角三角形向外作三个等边三角形得到的. 我们用T表示两直角边为a、b,斜边为c的直角三角形,T_a、T_b、T_c表示以边a、b、c分别向外作的等边三角形的面积. P表示边长为a、b,内角为30°和150°的平行四边形的面积. 我们有:

1. $T=P$.

证明:

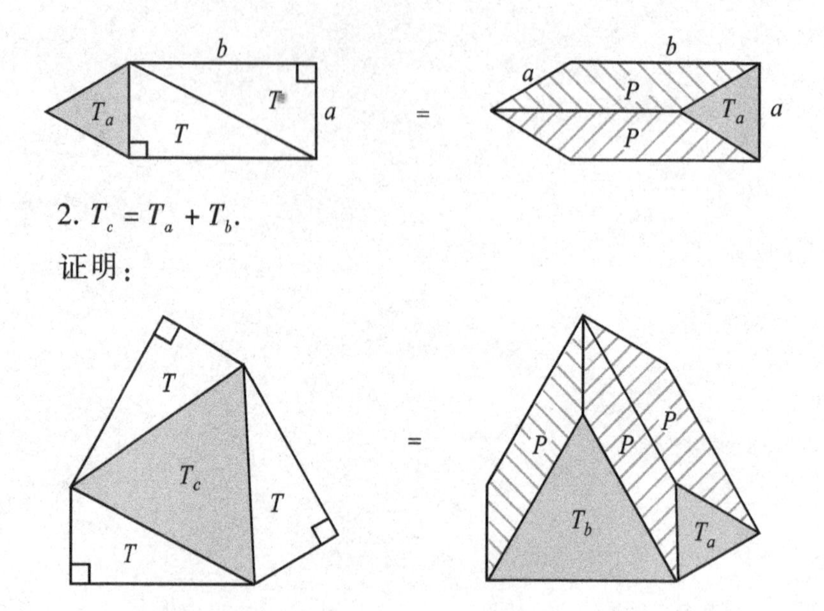

2. $T_c=T_a+T_b$.

证明:

——克劳迪·阿尔西纳,罗杰 B. 尼尔森.(Claudi Alsina & RBN)

毕达哥拉斯定理的帕普斯推广

$\triangle ABC$ 是任意三角形，$ABDE$、$ACFG$ 是以边 AB、AC 向外作的平行四边形，延长 DE、FG 交于点 H，作 BL、CM 平行且等于 HA，则 $S_{BCML}=S_{ABDE}+S_{ACFG}$.［数学集样第 4 卷］

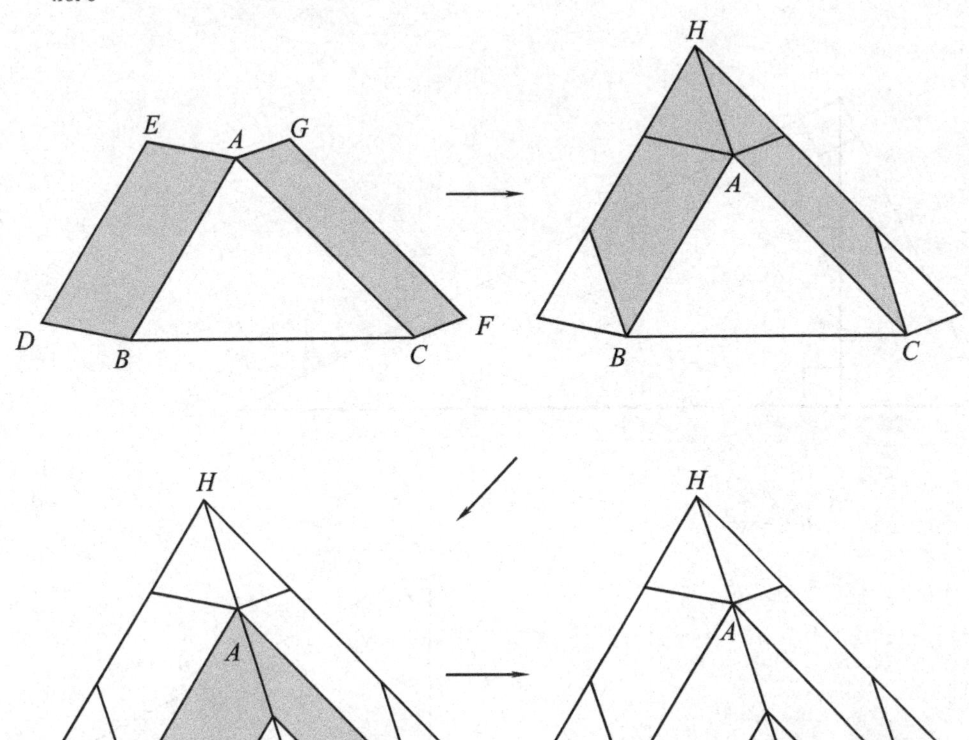

——亚历山大的帕普斯（Pappus of Alexandria）（约公元 320 年）

毕达哥拉斯定理的倒数形式

若 a、b 是直角三角形的直角边,h 是直角三角形斜边 c 上的高,则

$$\frac{1}{a^2}+\frac{1}{b^2}=\frac{1}{h^2}.$$

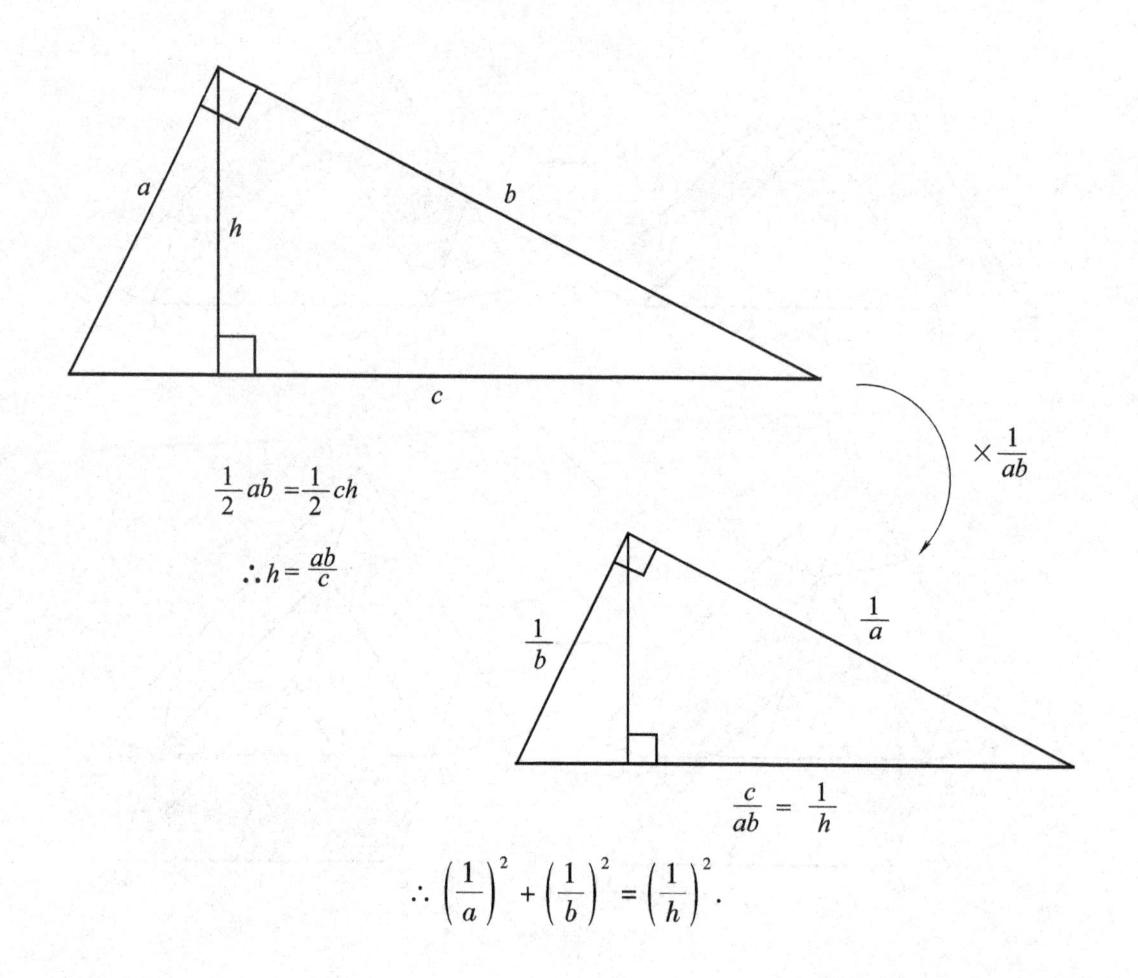

$$\therefore\left(\frac{1}{a}\right)^2+\left(\frac{1}{b}\right)^2=\left(\frac{1}{h}\right)^2.$$

另一个证明可参考文森特·费利尼的文章,不需要太多语言的数学,大学数学,33(2002),P170.

——罗杰　B. 尼尔森(RBN)

一个类似于毕达哥拉斯定理的定理

考虑图中的等腰三角形，可以证明，$c^2=a^2+bd$.

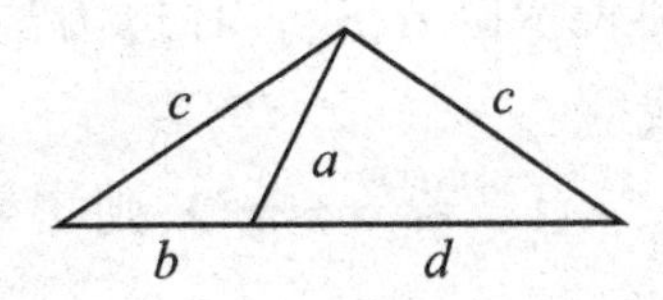

证明：

1.

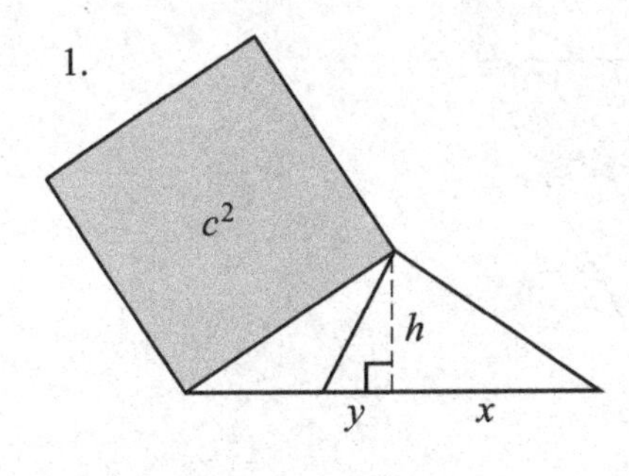

$x+y=d$

$x-y=b$

2.

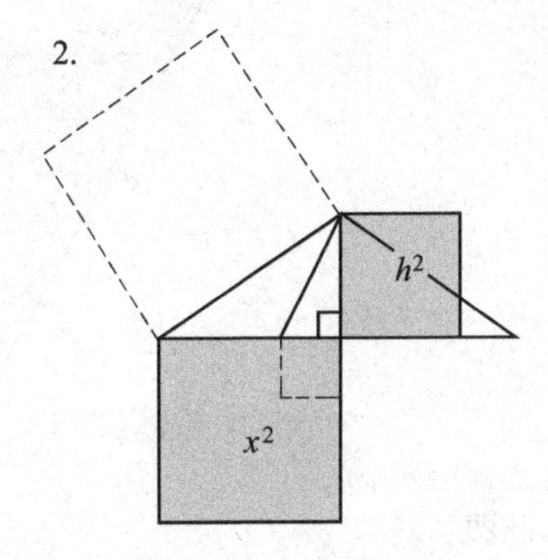

3.

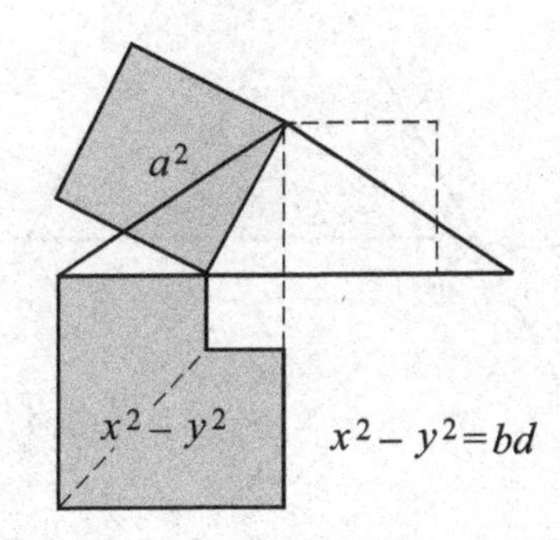

4.

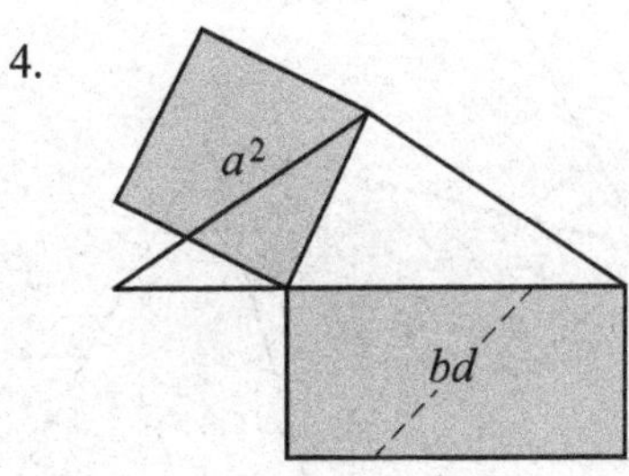

——拉里 · 赫恩(Larry Hoehn)

四个类似于毕达哥拉斯定理的定理

用 T 表示三个内角分别为 α、β、γ 的三角形的面积,用 T_α、T_β、T_γ 分别表示以 α、β、γ 对边为边向外作的等边三角形的面积,则下面的定理成立:

Ⅰ. 若 $\alpha = \pi/3$,则 $T + T_\alpha = T_\beta + T_\gamma$.

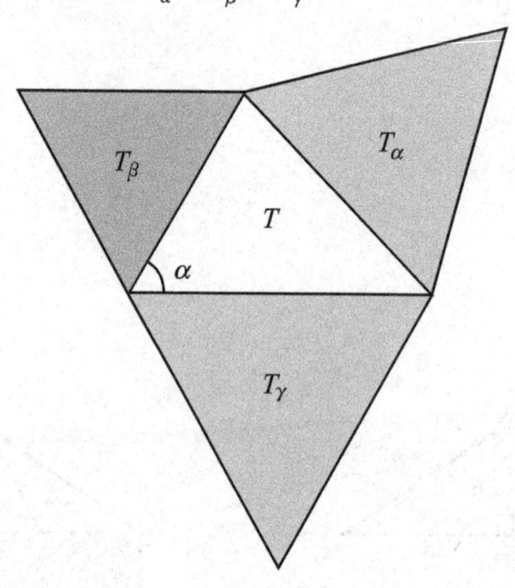

证明:

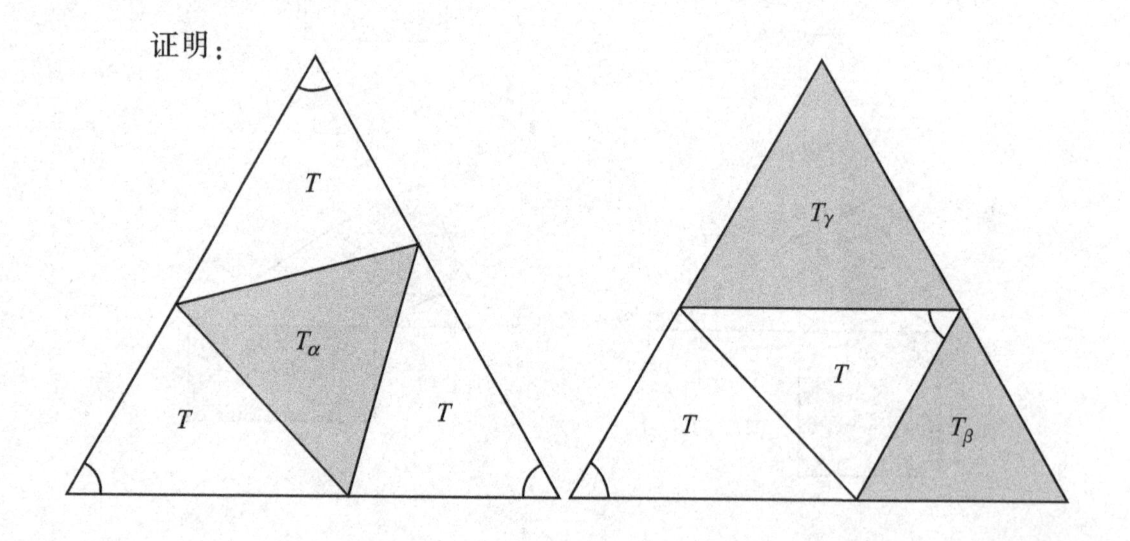

——曼纽尔·莫兰·卡布尔(Manuel Moran Cabre)

Ⅱ. 若 $\alpha=2\pi/3$，则 $T_\alpha=T_\beta+T_\gamma+T$.

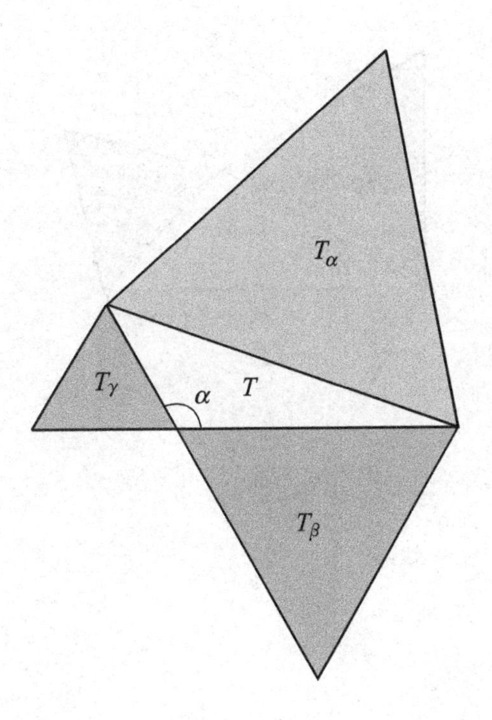

证明：

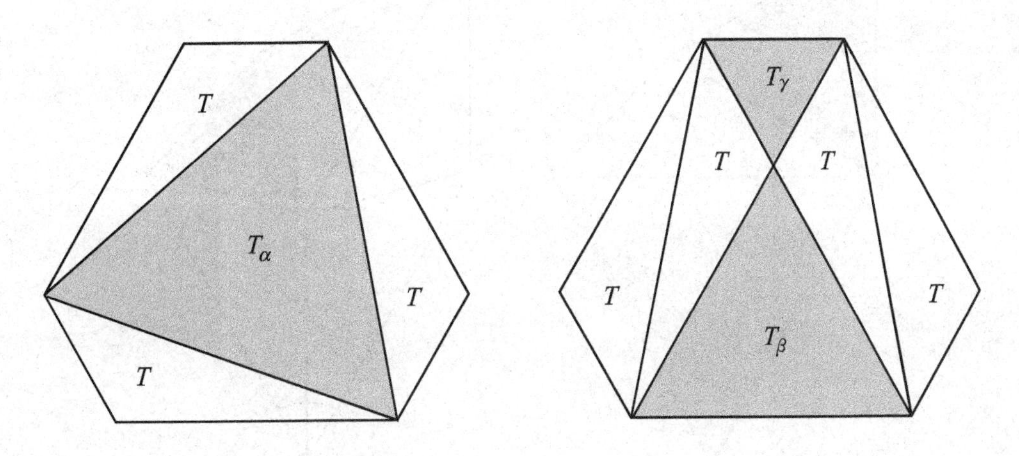

——罗杰 B. 尼尔森(RBN)

Ⅲ. 若 $\alpha=\pi/6$,则 $T_{\alpha}+3T=T_{\beta}+T_{\gamma}$.

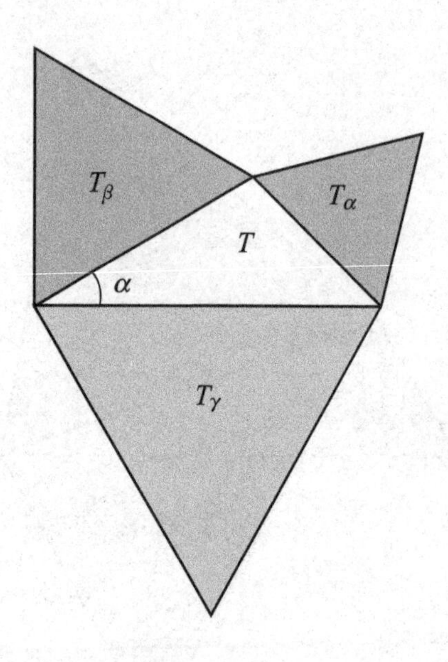

证明:

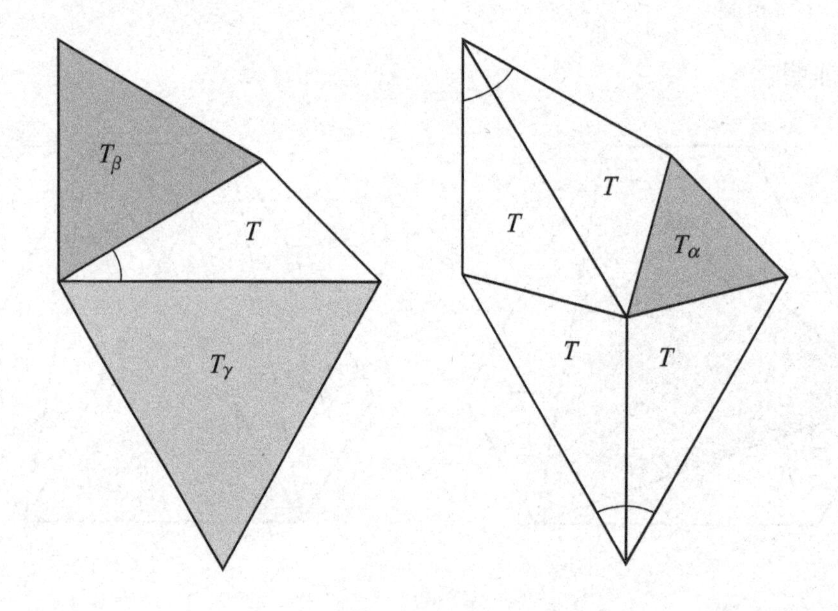

——克劳迪·阿尔西纳,罗杰　B. 尼尔森(Claudi Alsina & RBN)

Ⅳ. 若 $\alpha=5\pi/6$,则 $T_\alpha=T_\beta+T_\gamma+3T$.

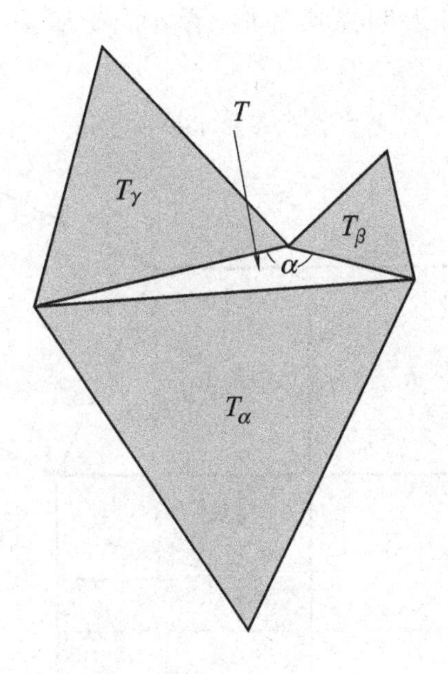

证明:

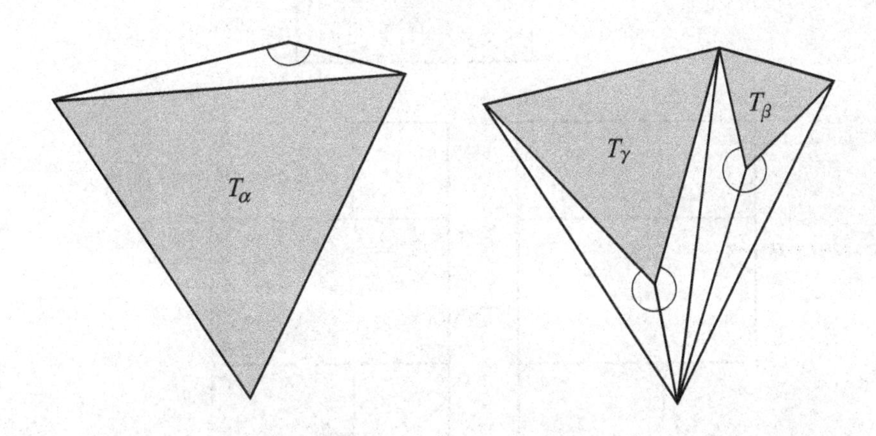

注:一般地,$T_\alpha=T_\beta+T_\gamma-\sqrt{3}T\cot\alpha$.

——克劳迪·阿尔西纳,罗杰　B. 尼尔森(Claudi Alsina & RBN)

直角梯形的毕达哥拉斯定理

有两个直角的梯形叫直角梯形.若 a、b 是底边,h 是高,s 是斜腰,c、d 是对角线,则有

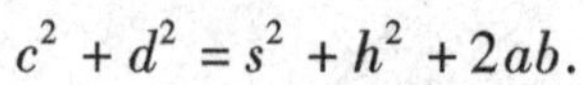

$$c^2+d^2=s^2+h^2+2ab.$$

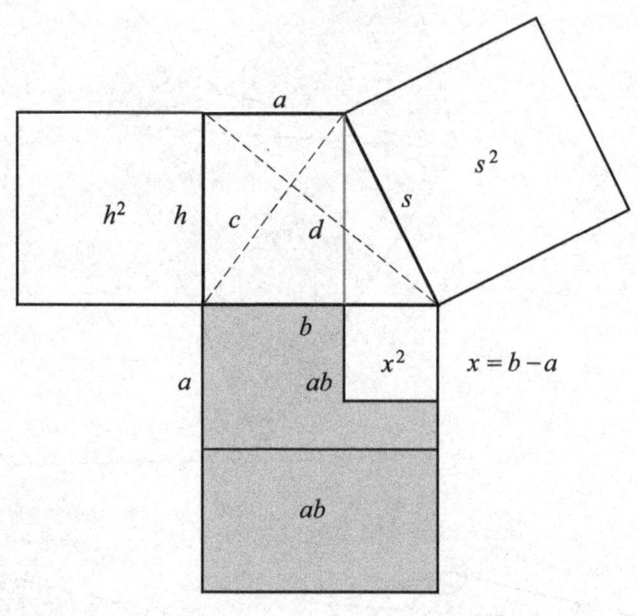

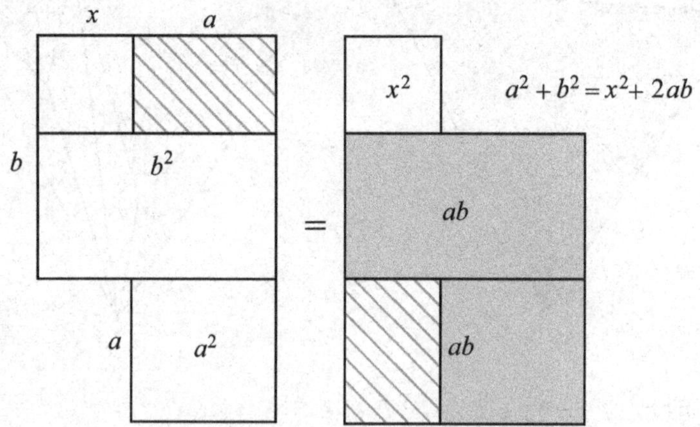

$$c^2+d^2=(a^2+h^2)+(b^2+h^2)=x^2+2ab+2h^2=s^2+h^2+2ab.$$

——任关申 (Guanshen Ren)

缺角矩形的毕达哥拉斯定理

缺角矩形(a,b,c)是一个 $a\times b$ 矩形切掉一个角产生第五条边 c 所构成的五边形，若 d、e 是五边形中邻近边 c 的两条对角线，

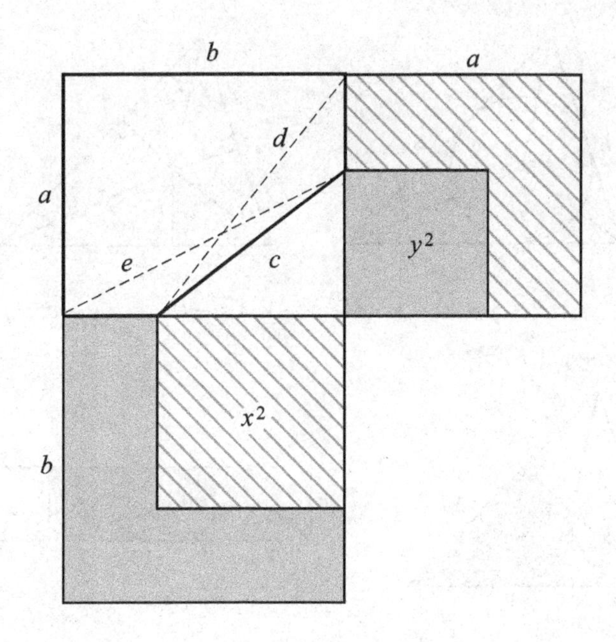

则

$$a^2+b^2+c^2=a^2+b^2+(x^2+y^2)=(a^2+x^2)+(b^2+y^2)=d^2+e^2.$$

——任关申（Guanshen Ren）

海伦公式

亚历山大的海伦，约公元10—70年

三角形面积为K，三边长为a、b、c，半周长$s=\dfrac{a+b+c}{2}$，则面积$K=\sqrt{s(s-a)(s-b)(s-c)}$.

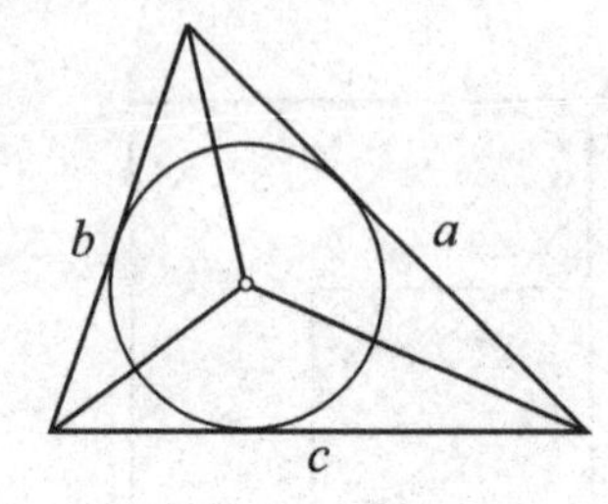

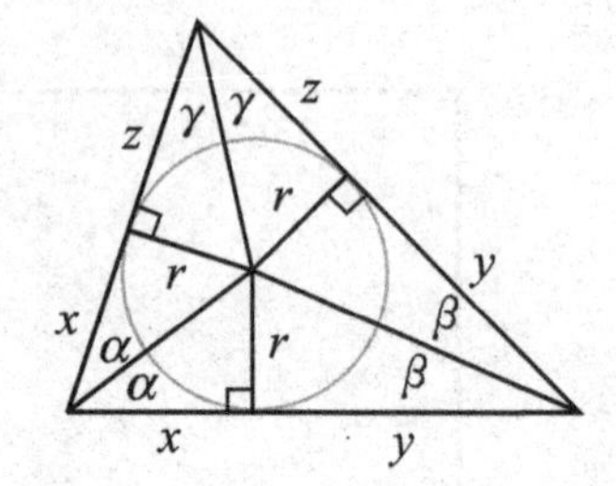

$$s=x+y+z,\ x=s-a,\ y=s-b,\ z=s-c.$$

1. $K=r(x+y+z)=rs.$

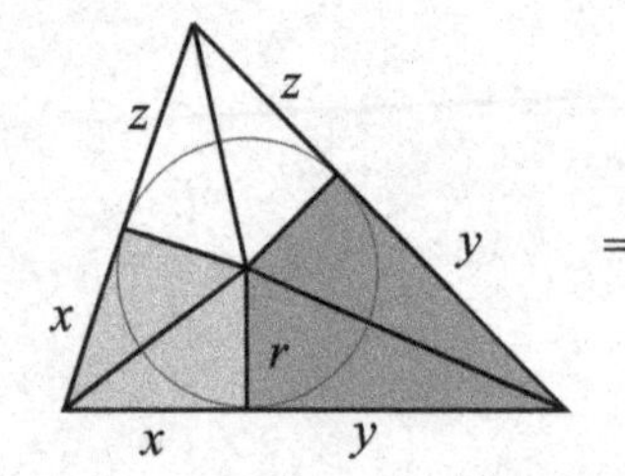

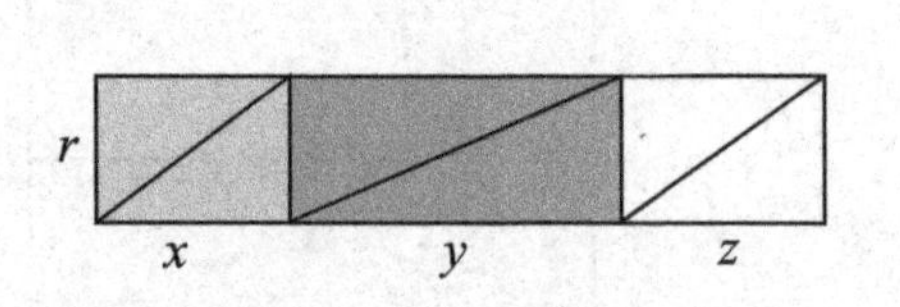

2. $xyz=r^2(x+y+z)=r^2s.$

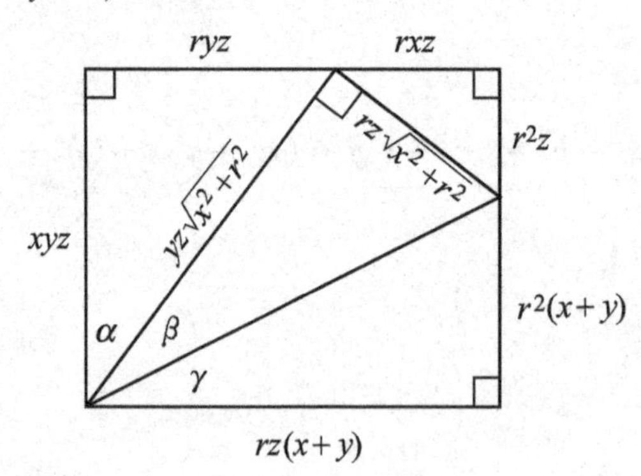

3. $\therefore K^2=r^2s^2=sxyz=s(s-a)(s-b)(s-c).$

——罗杰　B. 尼尔森（RBN）

每个三角形有无穷多个内接等边三角形

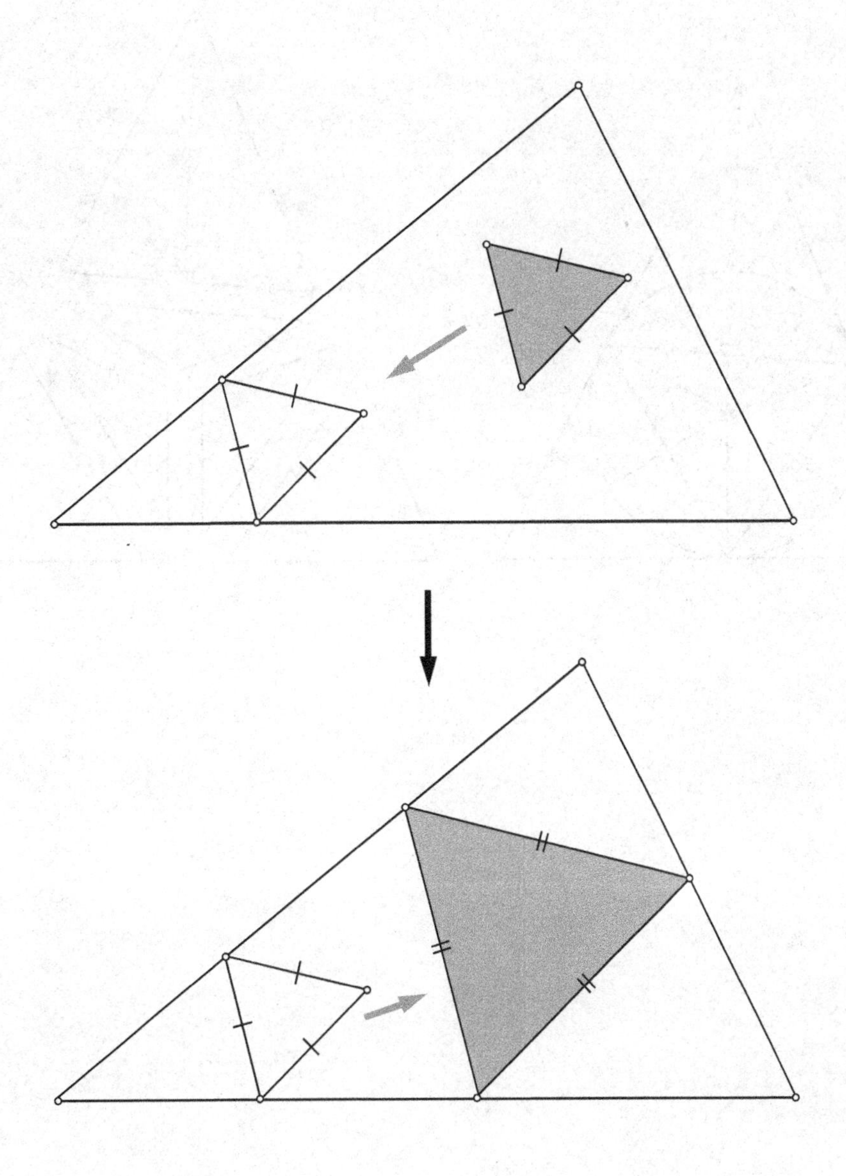

——西德尼 H. 昆（Sidney H. Kung）

每个三角形可以被分割成6个等腰三角形

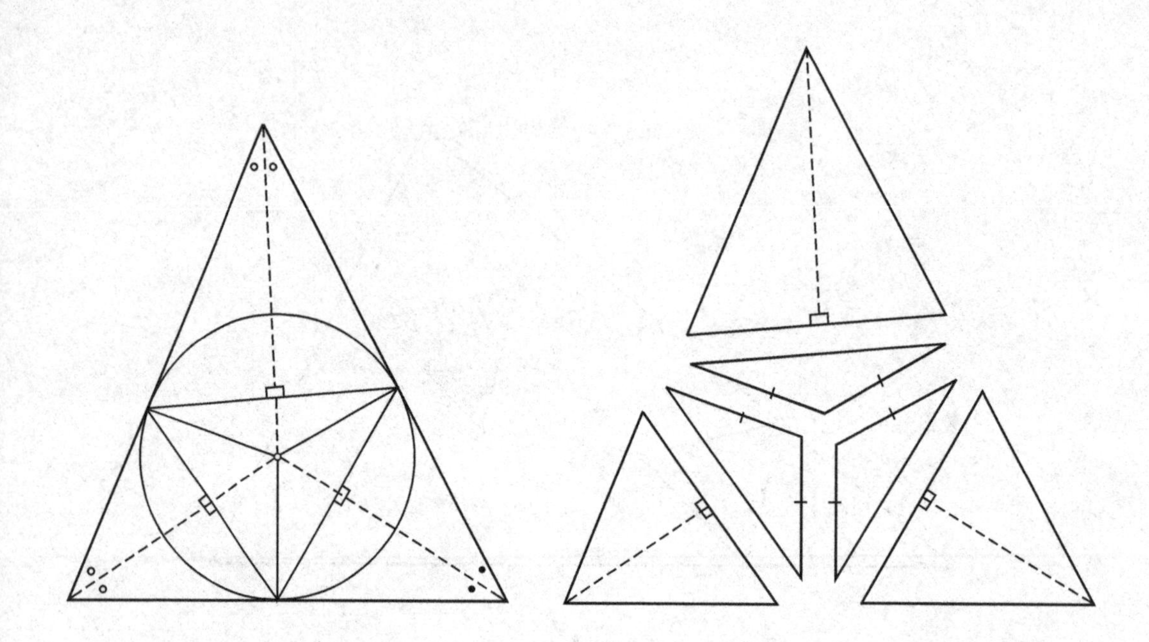

——安赫尔·普拉萨（Ángel Plaza)

更多的等腰分割

1. 每个三角形都可以被分为 4 个等腰三角形：

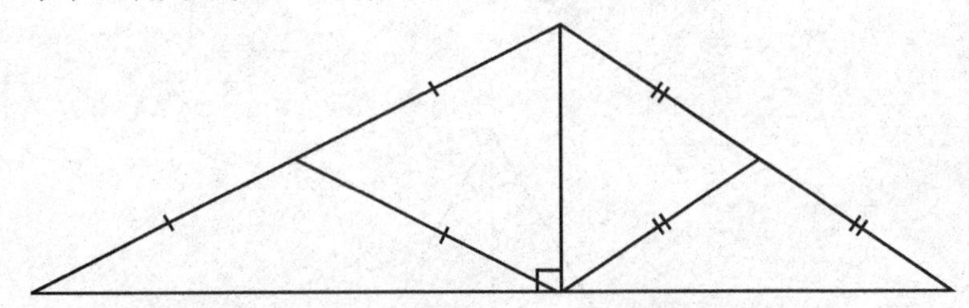

2. 每个锐角三角形都可以被分为 3 个等腰三角形：

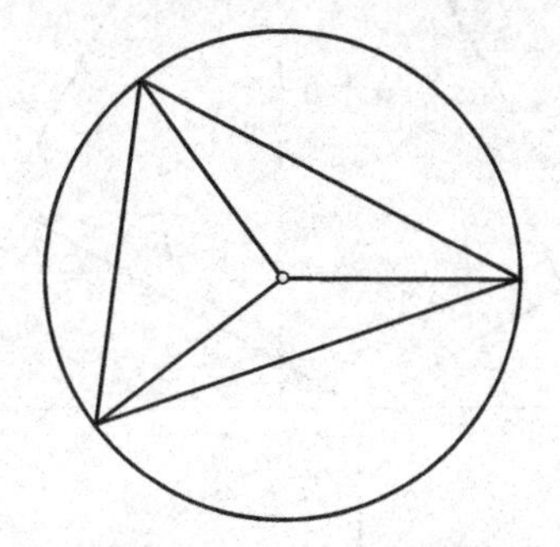

3. 如果一个三角形是直角三角形或者有一个内角是另一个内角的二倍或三倍，那么这个三角形可以被分割为两个等腰三角形：

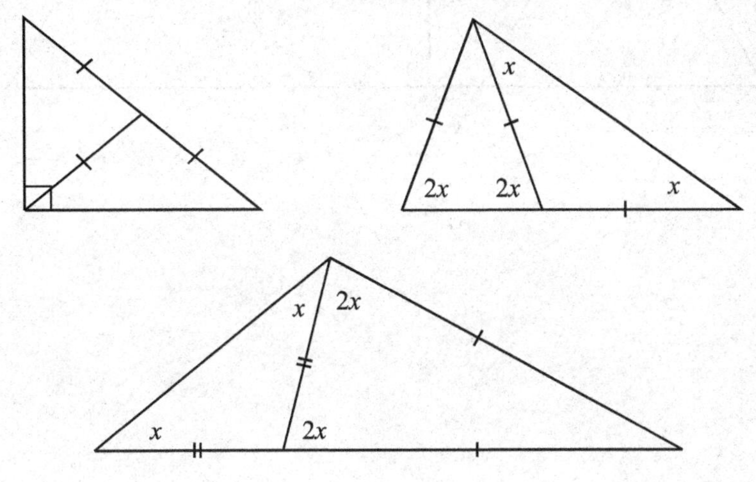

——德斯 · 麦克海尔（Des MacHale）

维维安尼定理Ⅱ

（温琴佐·维维安尼，1622—1703）

等边三角形内任意一点到三边的距离之和等于该三角形的高.

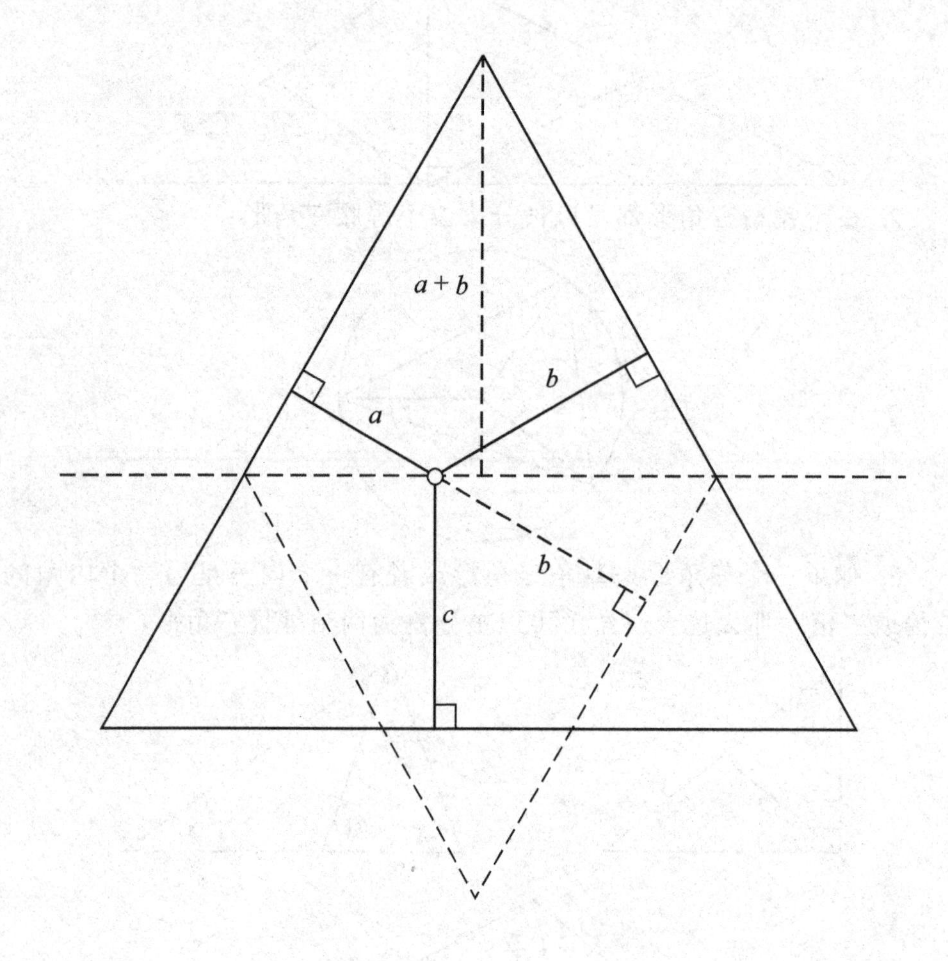

——詹姆斯·唐东（James Tanton）

维维安尼定理Ⅲ

等边三角形内任意一点到三边的距离之和等于该三角形的高.

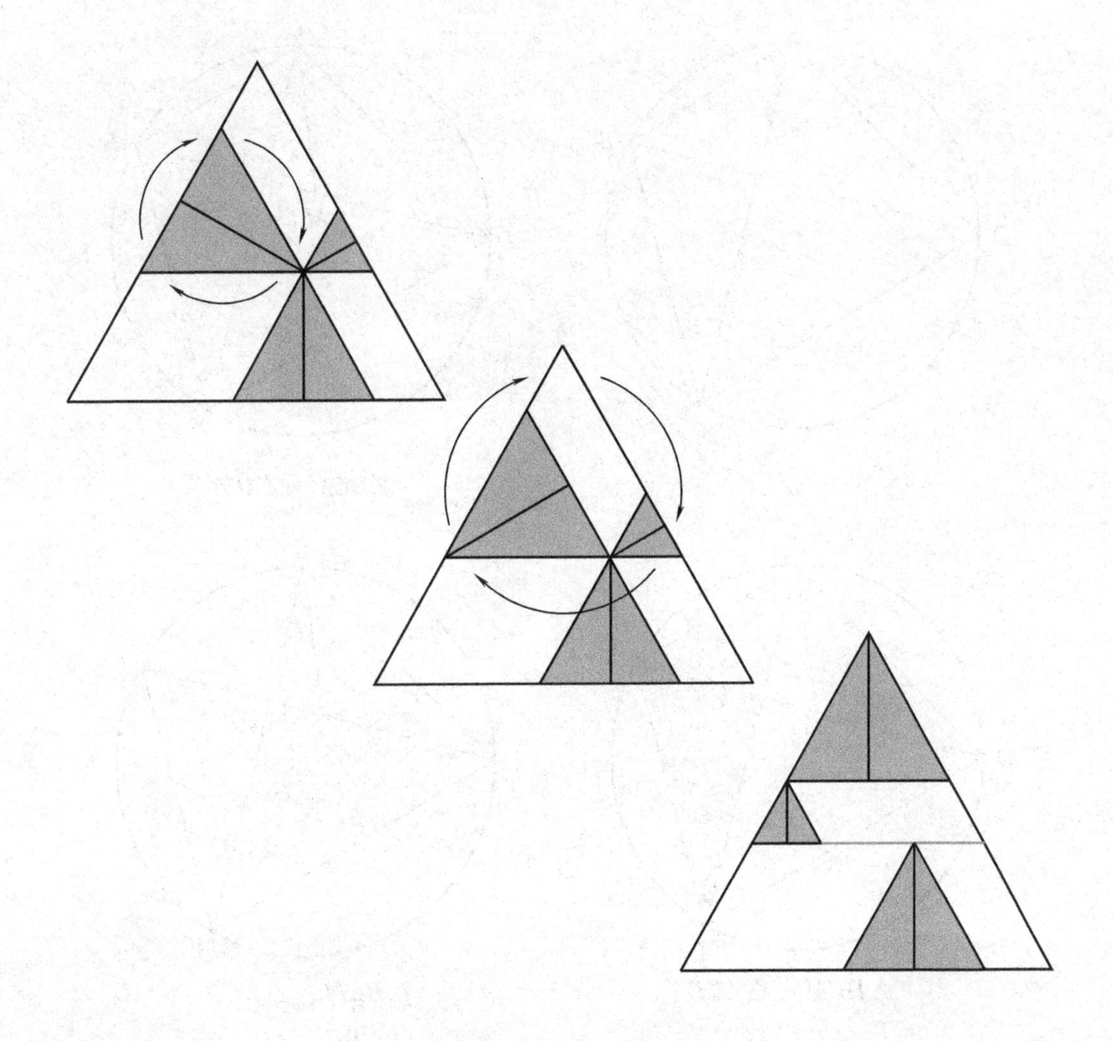

——川崎健一郎（Ken-ichiroh Kawasaki）

托勒密定理 I

圆内接四边形中，对角线长度的乘积等于对边长度乘积之和.

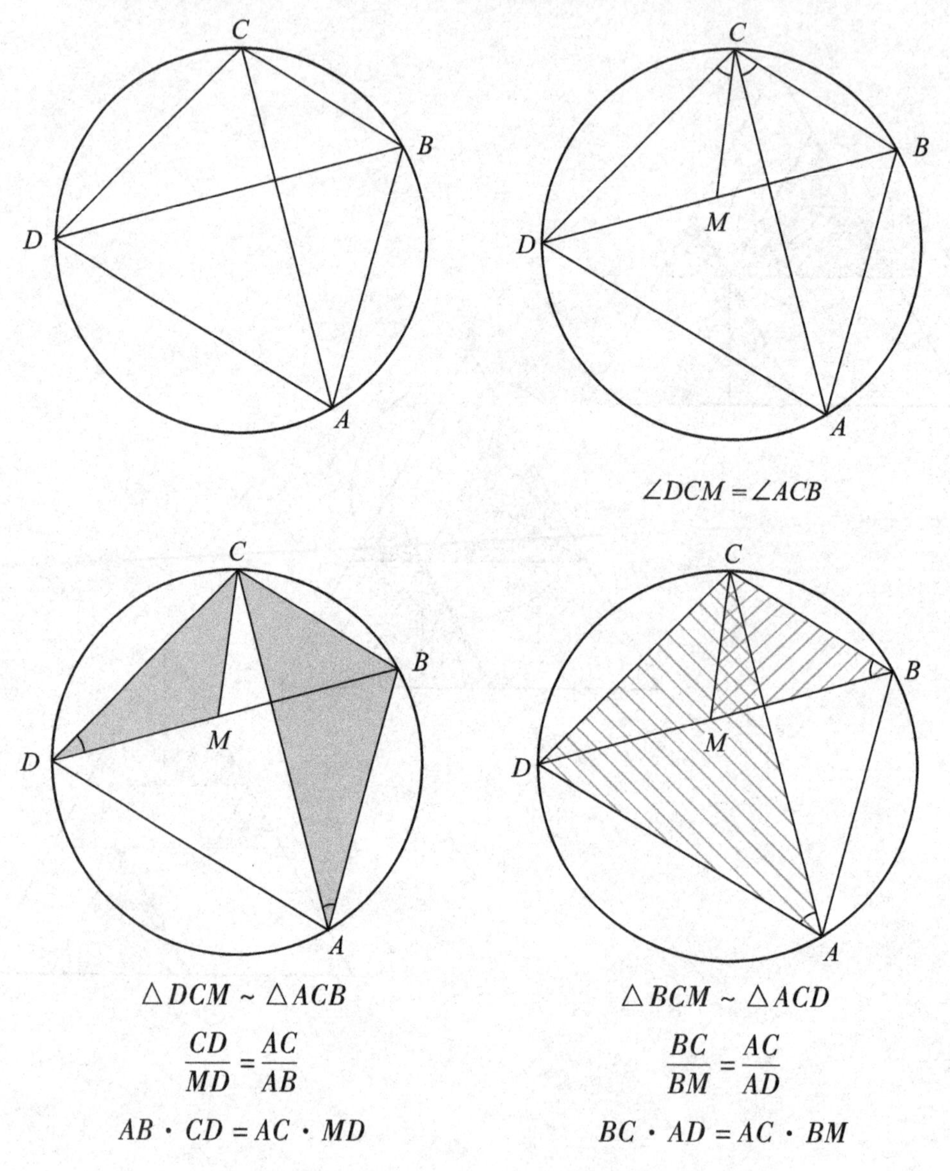

$\therefore AB \cdot CD + BC \cdot AD = AC(MD + BM) = AC \cdot BD.$

——亚历山大的托勒密（Ptolemy of Alexandria）（约公元90—168）

托勒密定理 II

圆内接四边形中，对角线长度的乘积等于对边长度乘积之和.

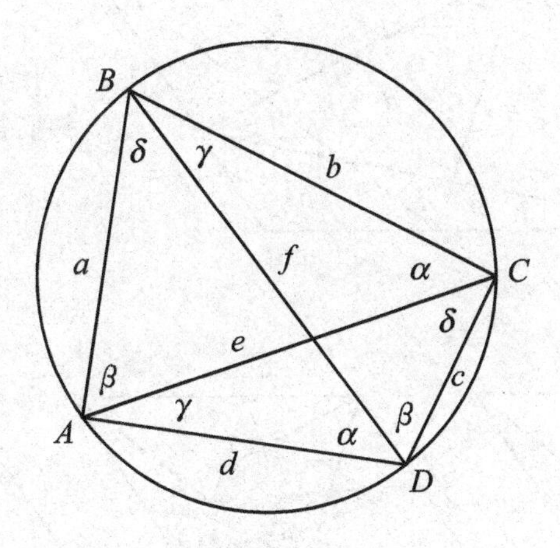

$$\alpha+\beta+\gamma+\delta=180^{\circ}$$

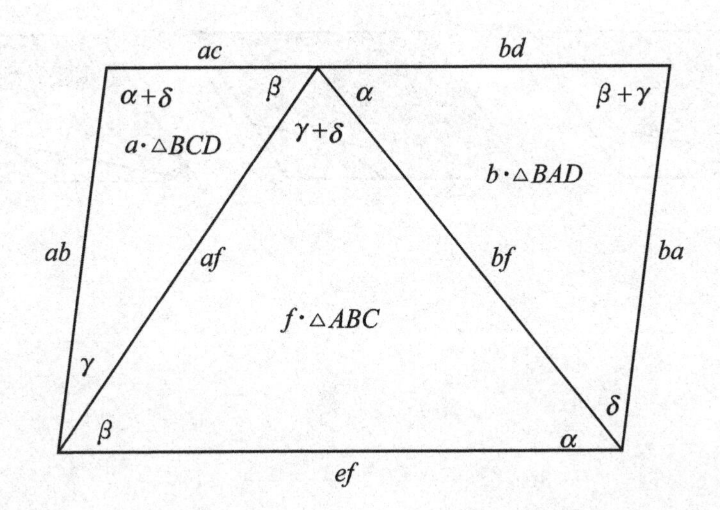

$$\therefore ef=ac+bd.$$

——威廉·德里克，詹姆斯·希尔施泰因

(William Derrick & James Hirstein)

平行四边形分割中的相等面积

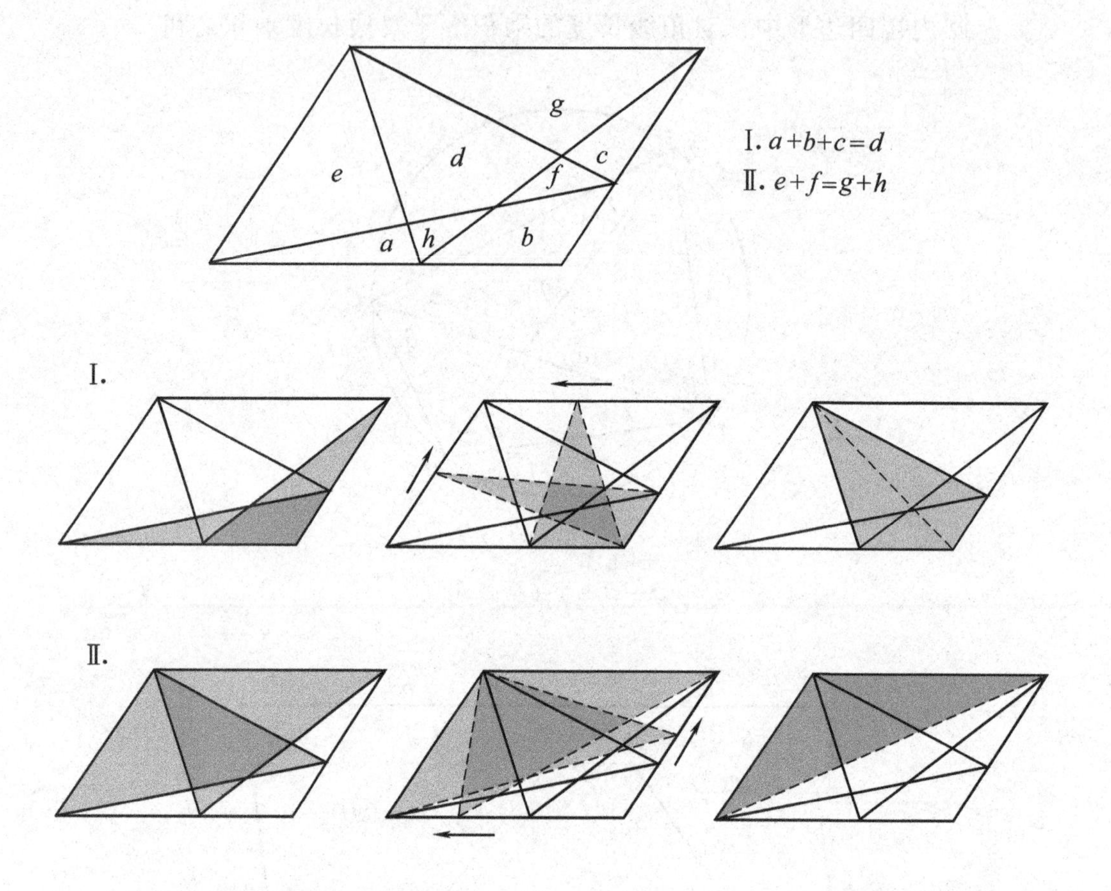

——菲利普 R. 理查德（Philippe R. Richard）

内部正方形的面积

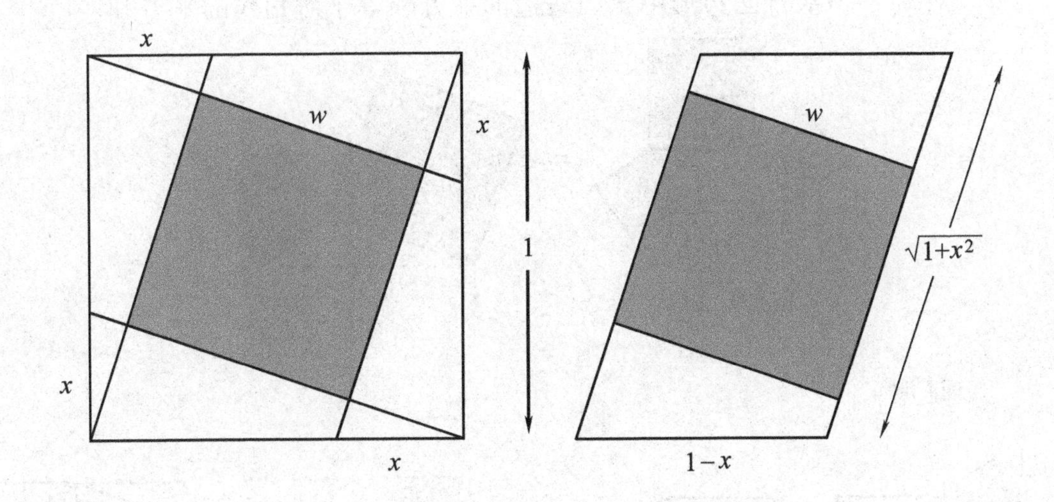

$$S_{\square} = w \cdot \sqrt{1+x^2} = 1 \cdot (1-x),$$

$$S_{\blacksquare} = w^2 = \frac{(1-x)^2}{1+x^2}.$$

——马克·钱伯兰（Marc Chamberland）

平行四边形定律

任何一个平行四边形中，四条边的平方和等于对角线的平方和.

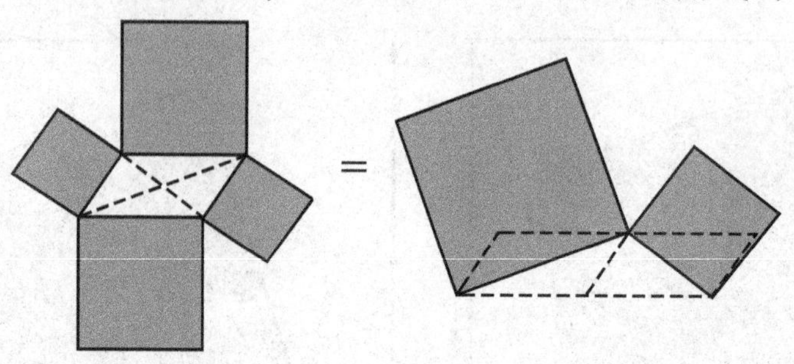

证明：

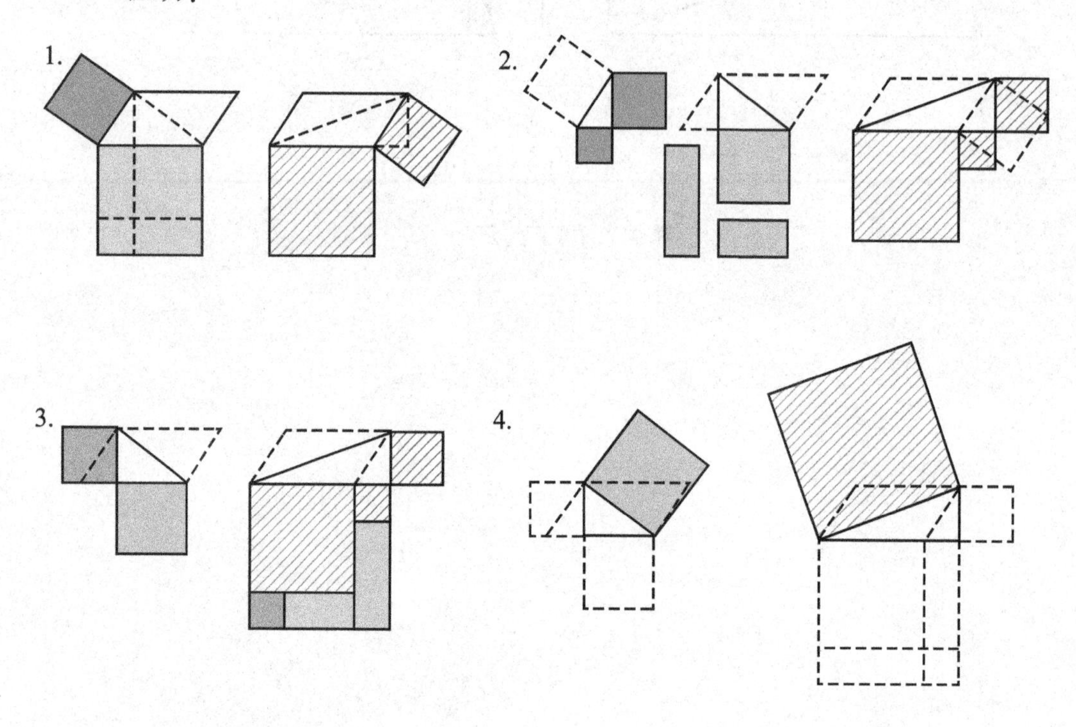

——克劳迪·阿尔西纳，阿马德奥·蒙雷亚尔

(Claudi Alsina & Amadeo Monreal)

借助平行四边形定律得到三角形中线长公式

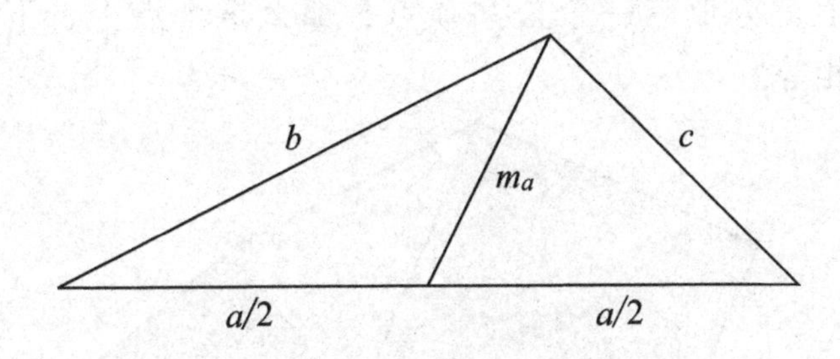

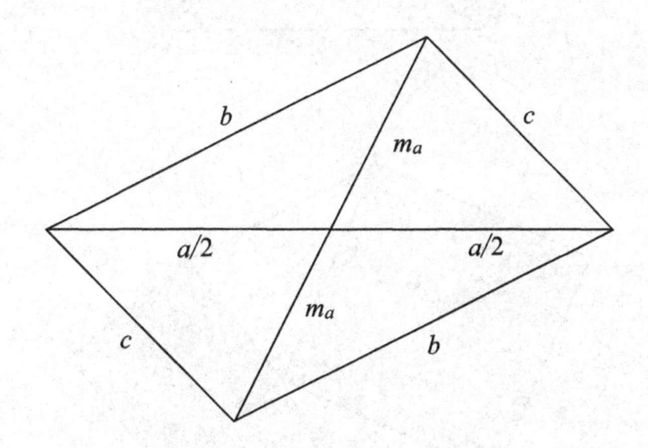

$$2b^2+2c^2=a^2+(2m_a)^2,$$

$$\therefore m_a=\frac{1}{2}\sqrt{2b^2+2c^2-a^2}.$$

——C. 彼得·劳斯（C. Peter Lawes）

两个正方形和两个三角形

如果两个正方形有一个公共顶点，那么这个点上、下两侧的两个三角形面积相等.

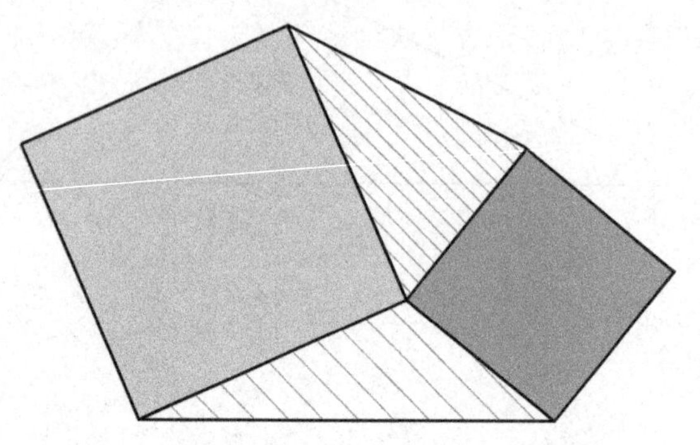

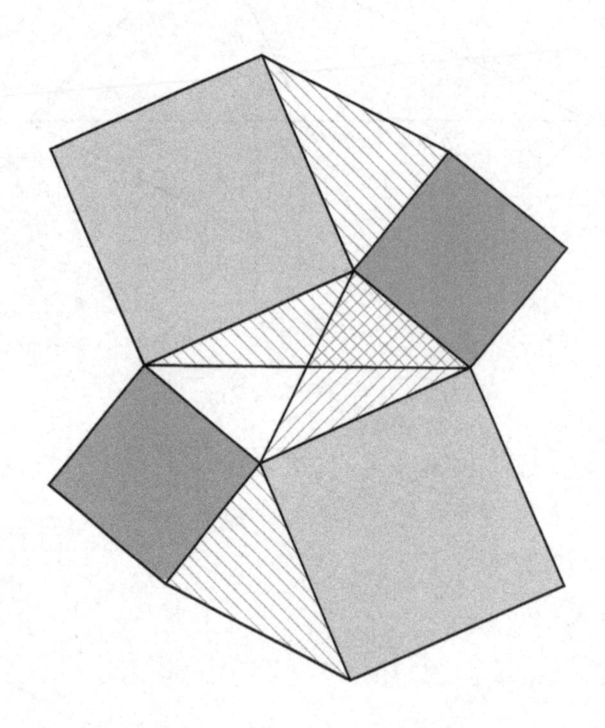

等边三角形内切圆半径

等边三角形内切圆半径是高的 1/3.

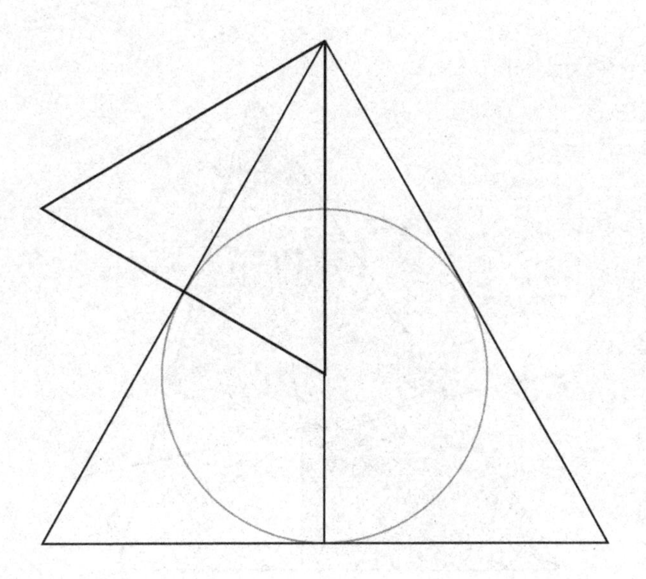

——波士顿东北大学教育学院 2004 几何暑期班学员

（Participants of the Summer Institute Series

2004 Geometry Course

School of Education，Northeastern University

Boston，MA 02115）

通过三角形内心的直线

经过三角形内心的直线平分三角形的周长当且仅当它平分三角形的面积.

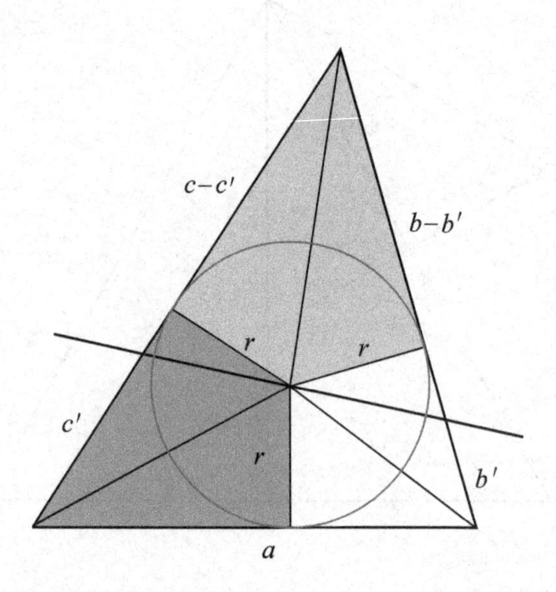

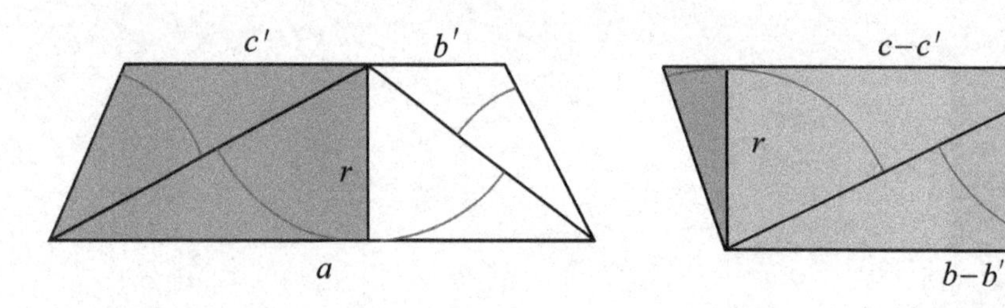

$$S_{下半部分} = S_{上半部分} \quad \Leftrightarrow \quad a + b' + c' = c - c' + b - b' = \frac{a+b+c}{2}.$$

——西德尼 H. 昆（Sidney H. Kung）

三角形的面积和外接圆的半径

若 K，a、b、c，R 分别表示一个三角形的面积、三边长以及外接圆半径，那么

$$K=\frac{abc}{4R}.$$

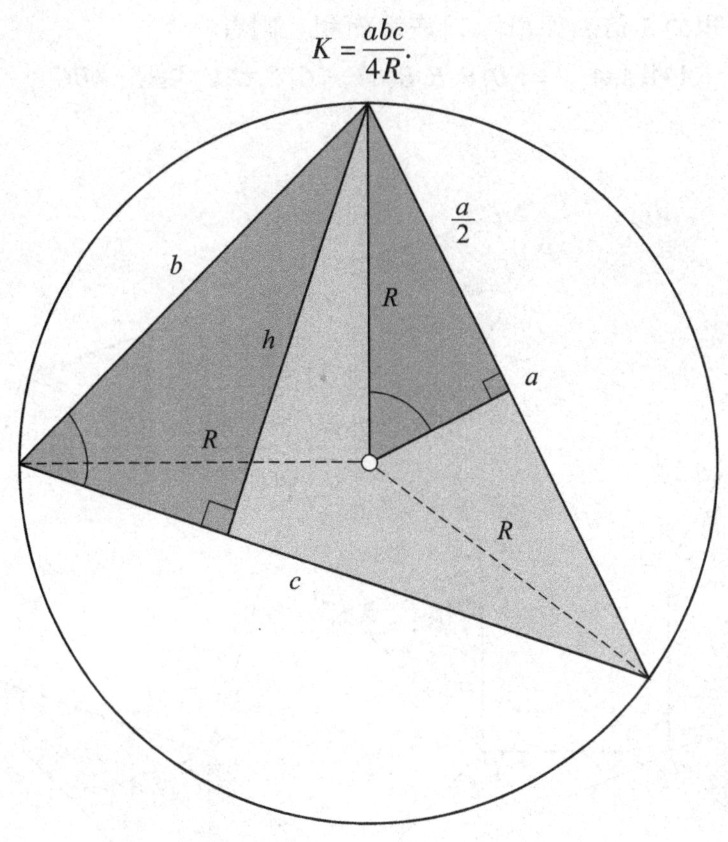

$$\frac{h}{b}=\frac{a/2}{R} \quad \Rightarrow \quad h=\frac{1}{2}\cdot\frac{ab}{R},$$

$$\therefore K=\frac{1}{2}hc=\frac{1}{4}\cdot\frac{abc}{R}.$$

外围三角形之外

任给$\triangle ABC$，由三边向外作正方形，连接相邻正方形的顶点得到三个外围三角形. 重复上述过程，得到三个四边形，它们的面积都是$\triangle ABC$面积的5倍. 如用[ ]表示面积，则有

$$[A_1A_2A_3A_4]=[B_1B_2B_3B_4]=[C_1C_2C_3C_4]=5[ABC].$$

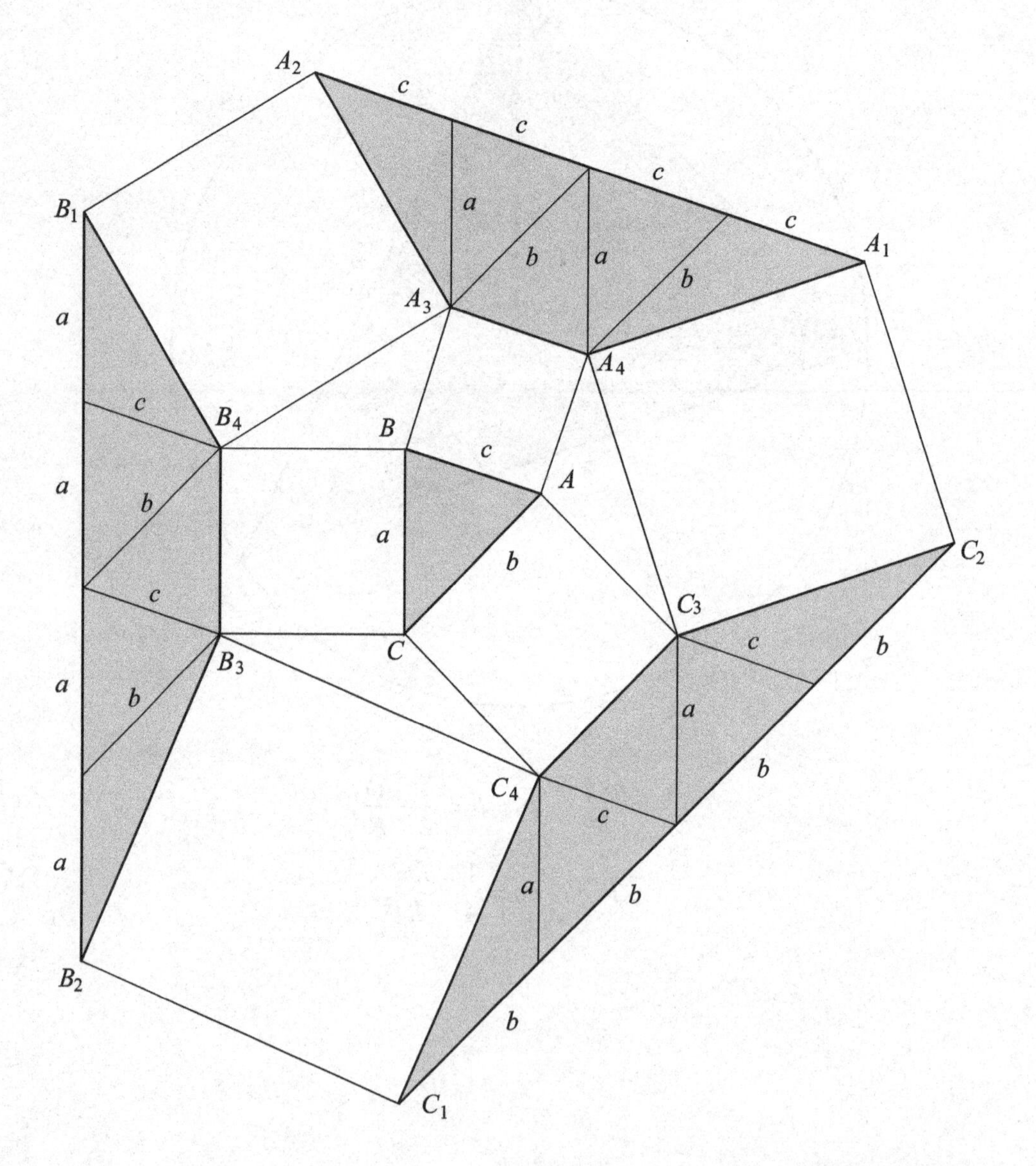

——M. N. 德什潘德（M. N. Deshpande）

和为 45°的角

美国数学协会伊利诺斯分部（ISMAA）2001 年学生数学竞赛，问题 3

设 $ABCD$ 为正方形，n 是正整数．X_1、X_2、…、X_n 是 BC 边上的点，且 $BX_1 = X_1X_2 = \cdots = X_{n-1}X_n = X_nC$．设 Y 在 AD 边上满足 $AY = BX_1$，求下式的值．

$$\angle AX_1Y + \angle AX_2Y + \cdots + \angle AX_nY + \angle ACY.$$

解：角度和为 45°，下面对 $n = 4$ 的情况进行证明．

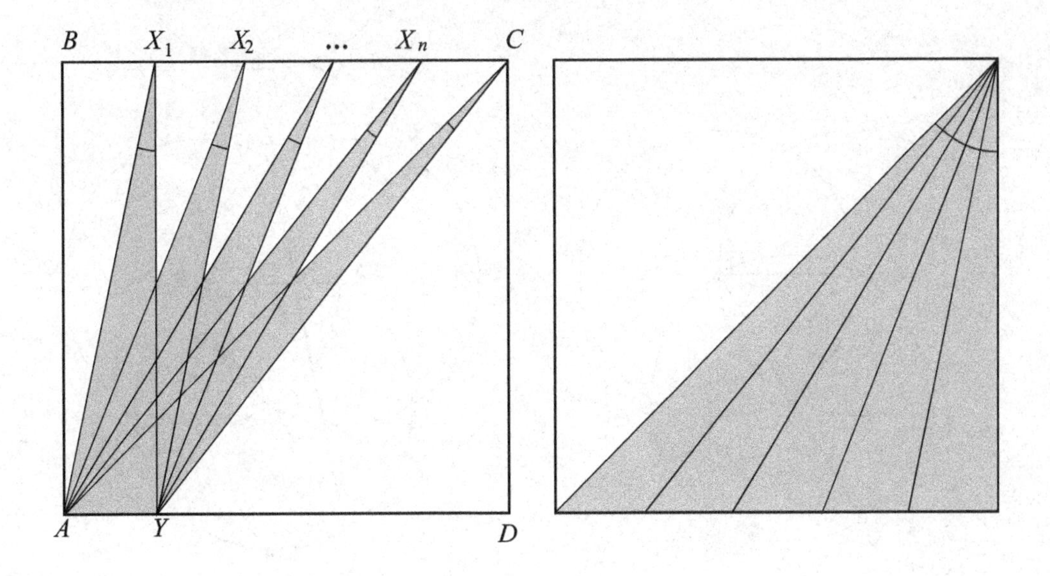

三等分线段 Ⅱ

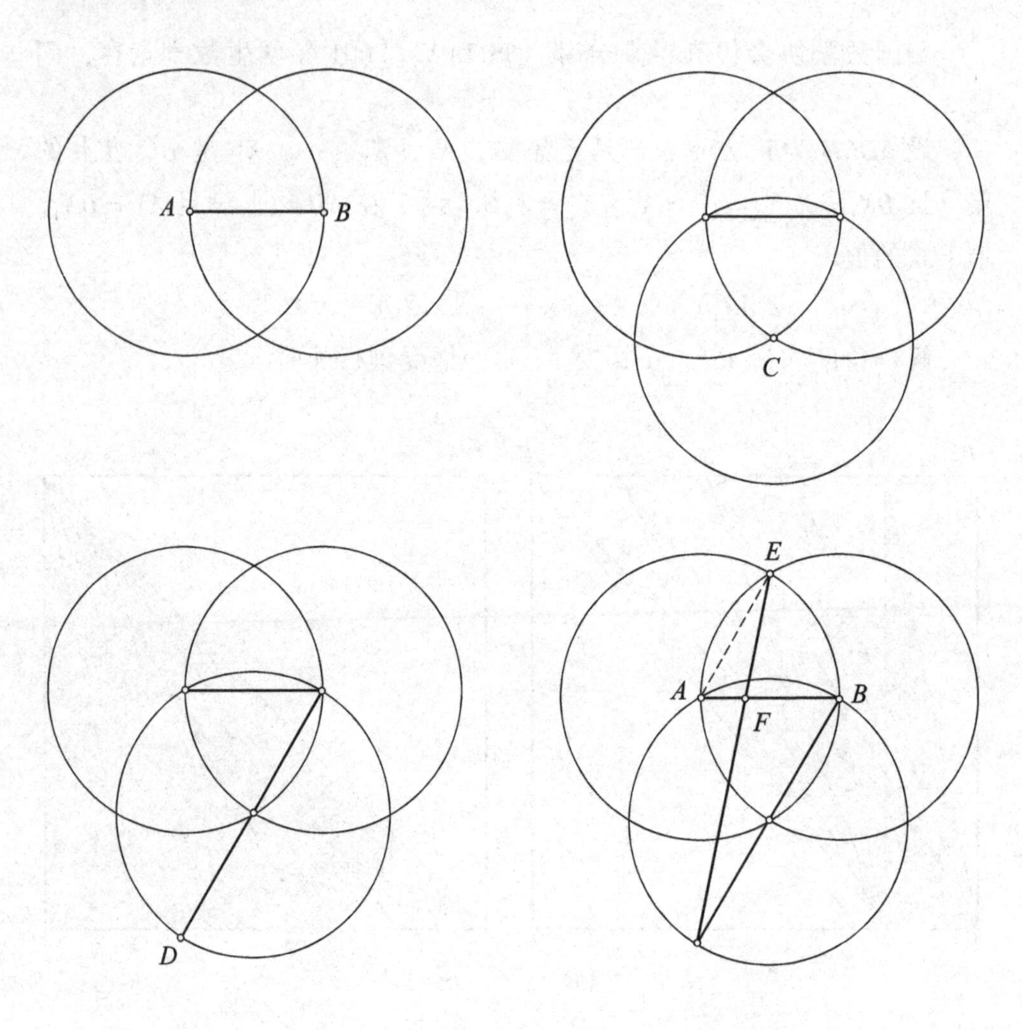

$$\overline{AF}=\frac{1}{3}\cdot\overline{AB}$$

——罗伯特 · 斯泰尔 (Robert Styer)

面积和恒定的两个正方形

如果圆的一条直径与一条弦的夹角为 45°，且把这条弦分成长度为 a、b 的两部分，那么 a^2+b^2 是一个常数.

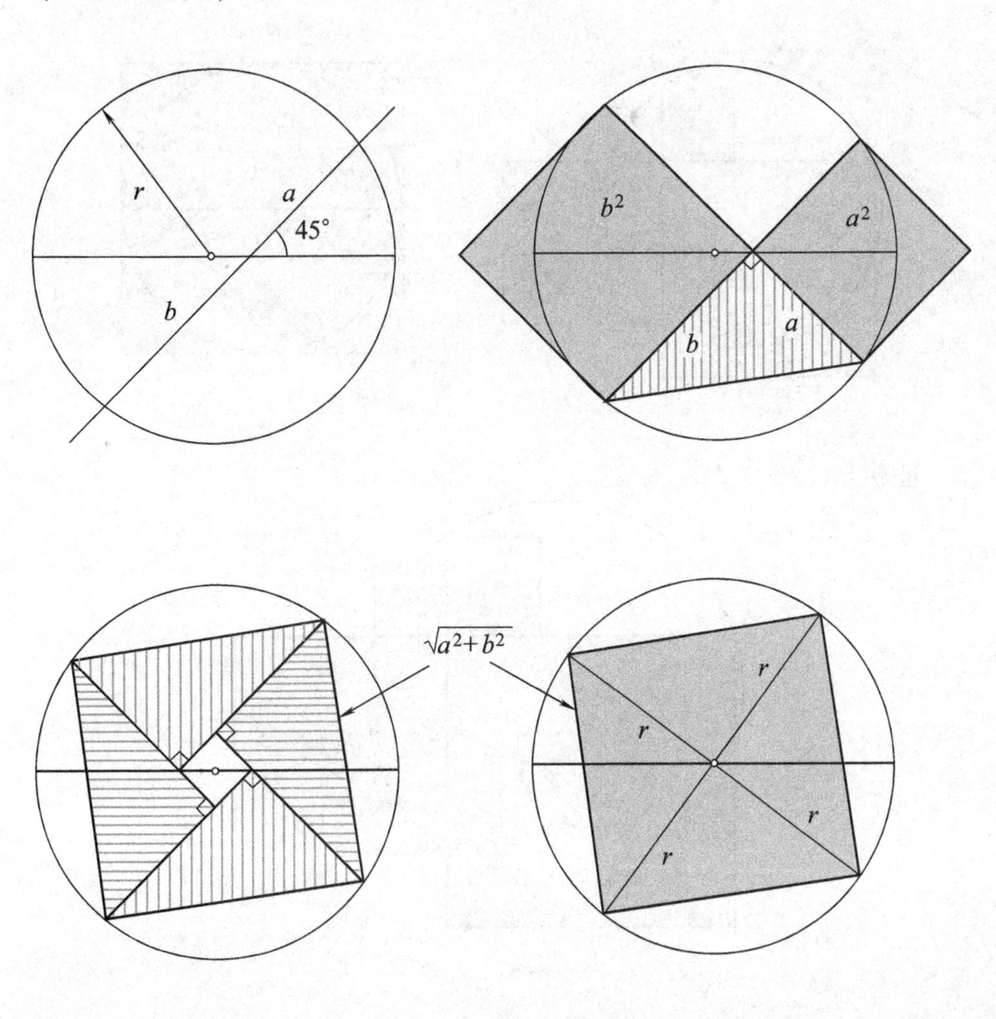

$$a^2+b^2=2r^2.$$

面积和恒定的四个正方形

如果圆中两条相交弦互相垂直，那么由此形成的四条线段长度的平方和为常数（并且等于直径的平方）.

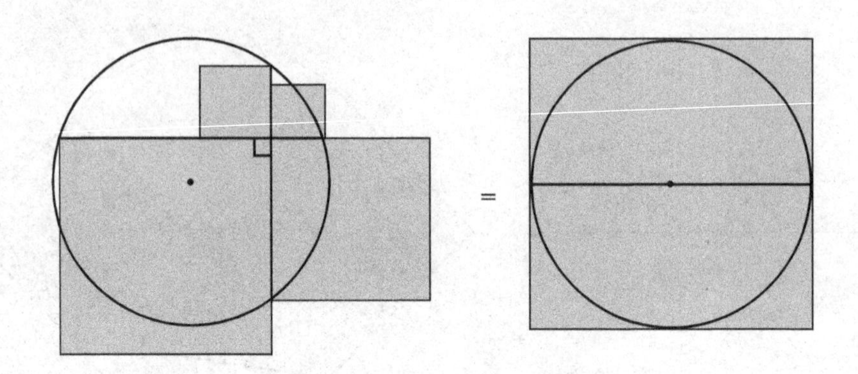

证明：

1.

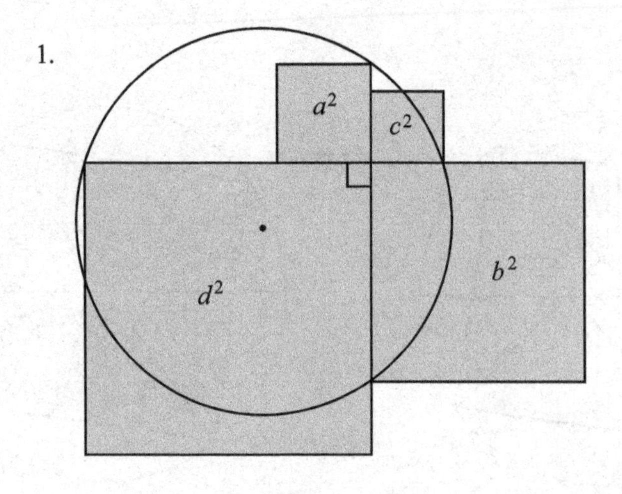

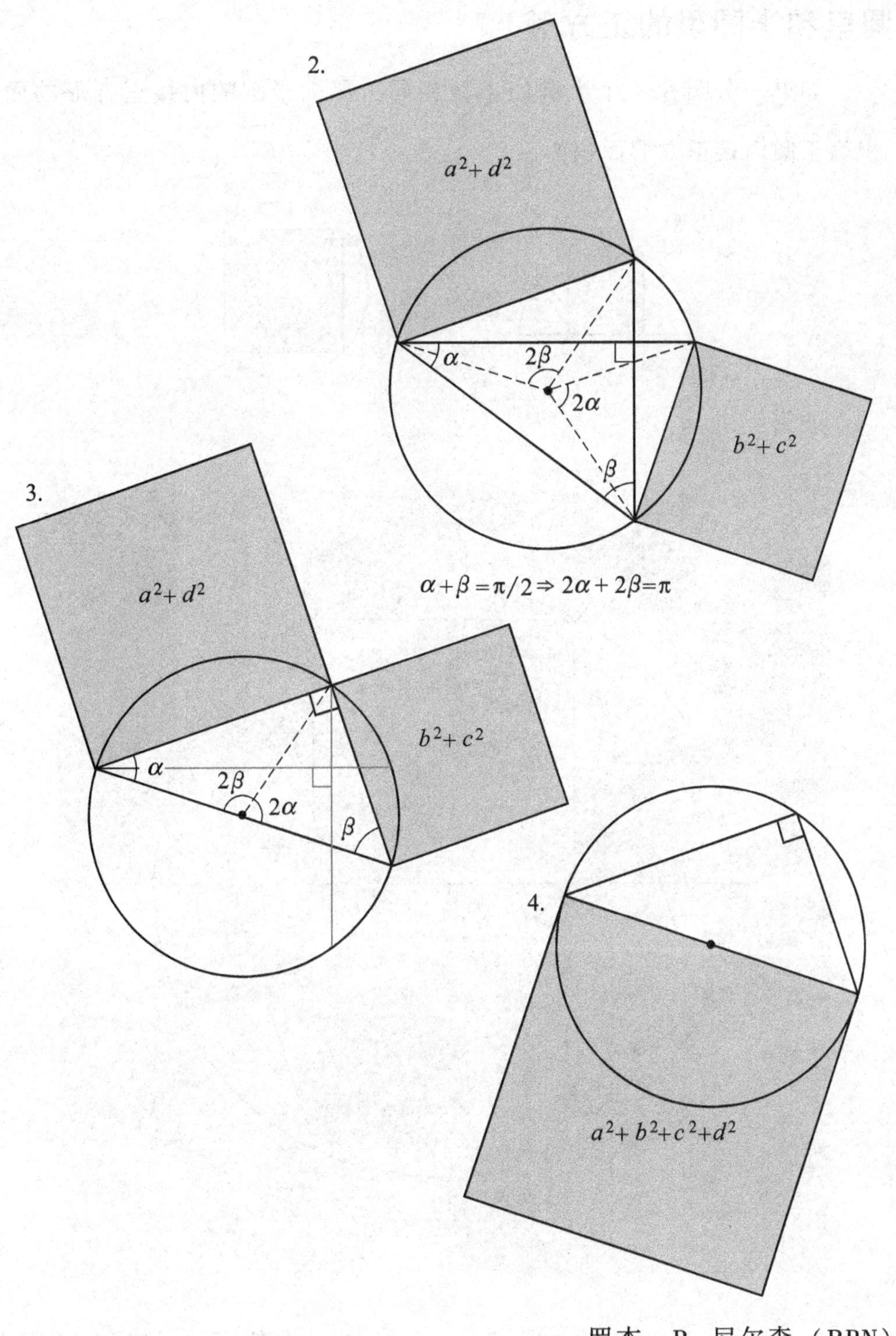
2.
a^2+d^2
α
2β
2α
β
b^2+c^2
$\alpha+\beta=\pi/2\Rightarrow 2\alpha+2\beta=\pi$
3.
a^2+d^2
b^2+c^2
α
2β
2α
β
4.
$a^2+b^2+c^2+d^2$

——罗杰 B. 尼尔森（RBN）

圆里和半圆里的正方形

如果一个圆和一个半圆的半径相同，那么半圆的内接正方形的面积等于圆内接正方形面积的$\frac{2}{5}$.

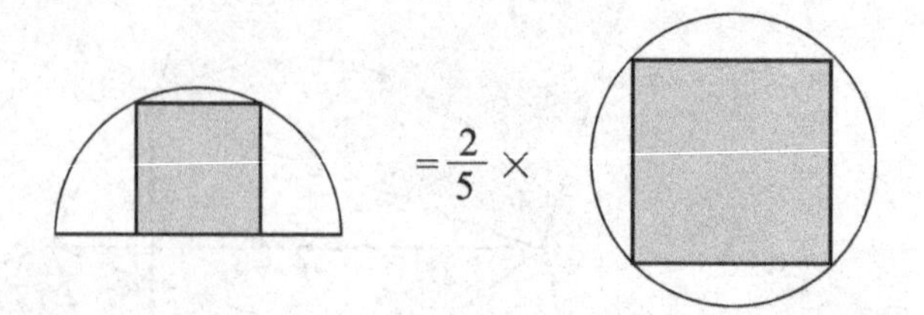

证明：

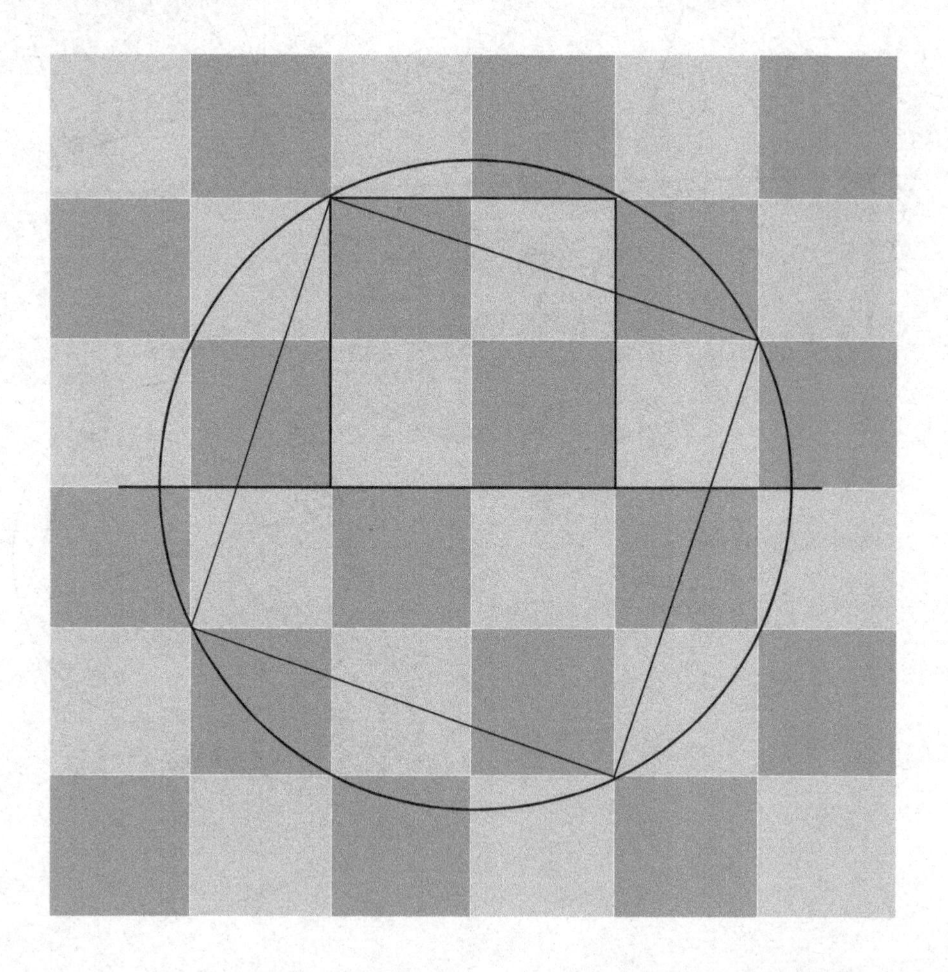

——罗杰　B. 尼尔森（RBN）

圣诞树问题

（趣味数学杂志，8（1976），P46，问题 370）

如图所示，一个等腰直角三角形内接于半圆，作出平分另一个半圆的半径．在三角形和两个$\frac{1}{4}$圆中各有一个内切圆．证明这三个小圆是全等的．

证明：

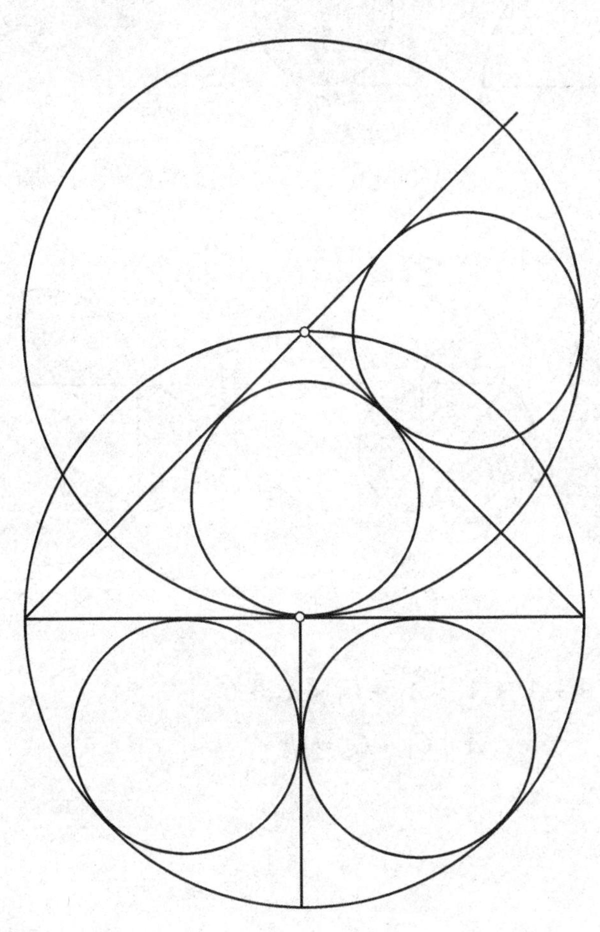

“鞋匠之刀”的面积

定理．设P、Q、R是一条直线上的三个点，Q在P和R之间．以PQ、QR和PR为直径在直线同侧作半圆．“鞋匠之刀”是由上述三个半圆的边界围成的图形．过Q点作$SQ\perp PR$交最大的半圆于点S，那么“鞋匠之刀”的面积A等于以QS为直径的圆的面积．［阿基米德，《引理》，命题4］

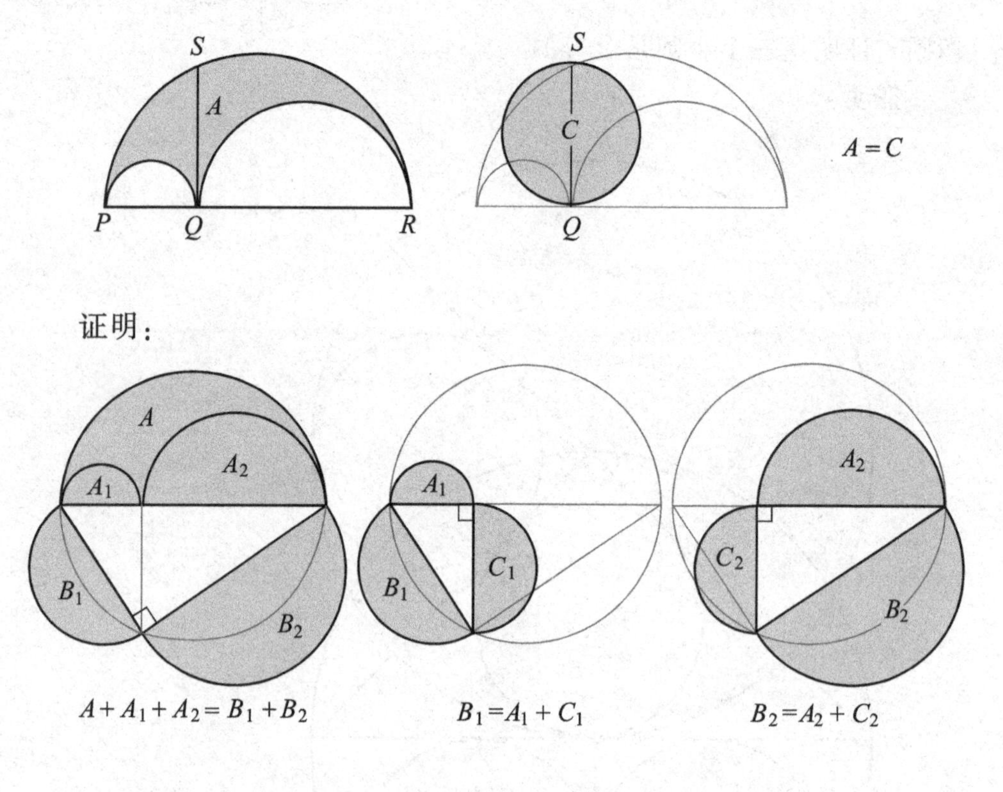

证明：

$A+A_1+A_2=B_1+B_2$ $B_1=A_1+C_1$ $B_2=A_2+C_2$

$$A+A_1+A_2=A_1+C_1+A_2+C_2$$

$$\therefore A=C_1+C_2=C$$

——罗杰　B. 尼尔森（RBN）

“盐窖”的面积

定理. 设 P、Q、R、S 是一条直线上顺次的四个点，且 $PQ = RS$. 以 PQ、RS、PS 为直径在直线的上方作半圆，另以 QR 为直径在直线的下方作半圆. 盐窖是由这四个半圆的边界围成的图形. 设“盐窖”的对称轴与其边界交于点 M 和 N，那么该图形的面积 A 等于以 MN 为直径的圆的面积 C. [阿基米德，《引理》，命题 14]

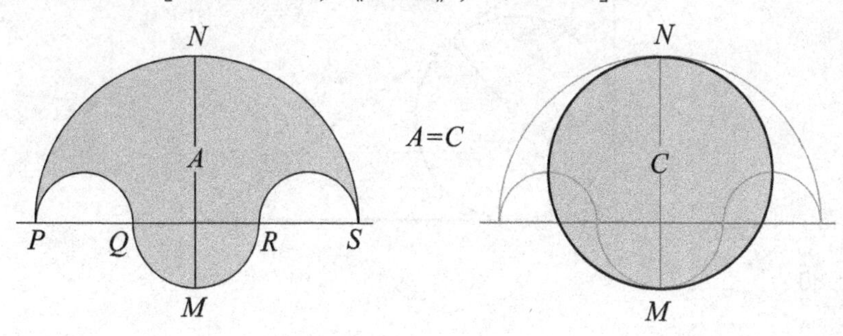

证明：

1.

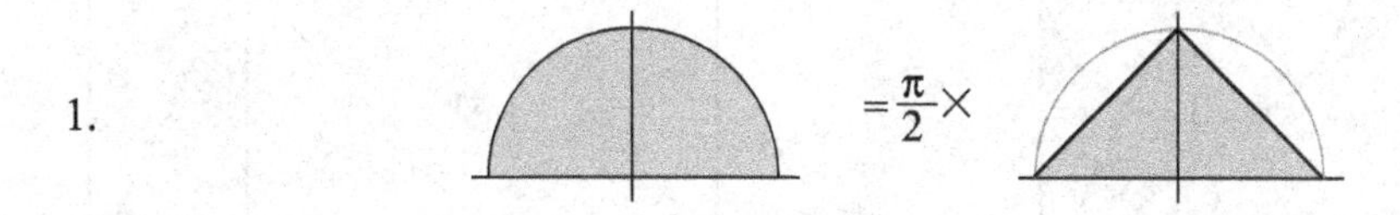

2.

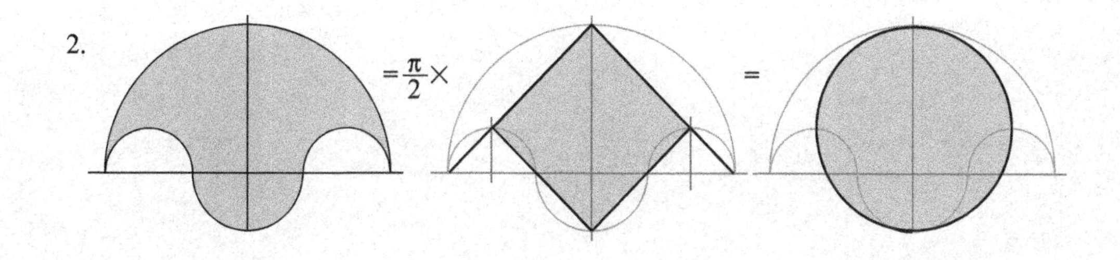

——罗杰 B. 尼尔森（RBN）

直角三角形的面积

定理．直角三角形的面积 K 等于其斜边被内切圆切点所分的两条线段的长度乘积.

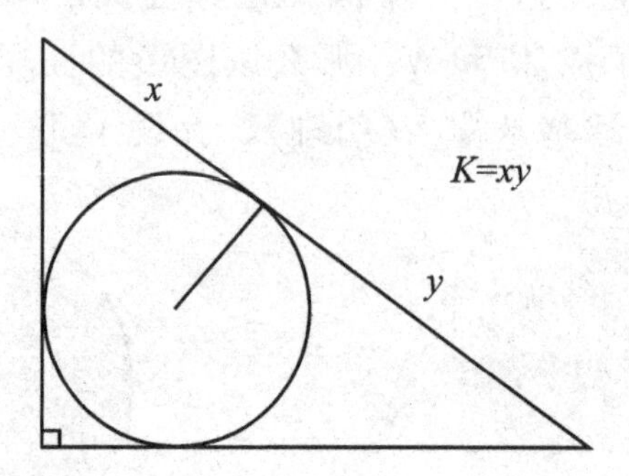

证明：

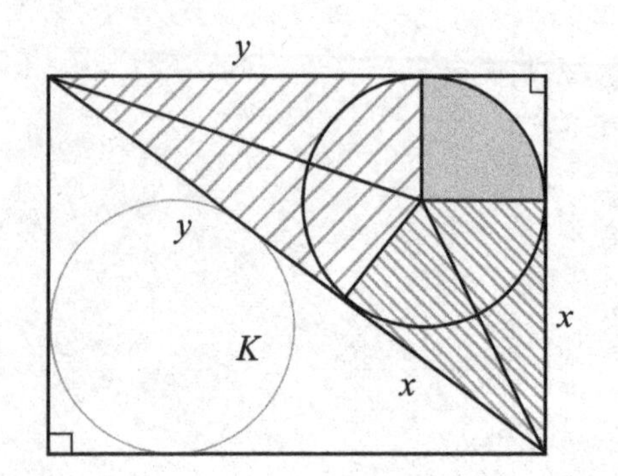

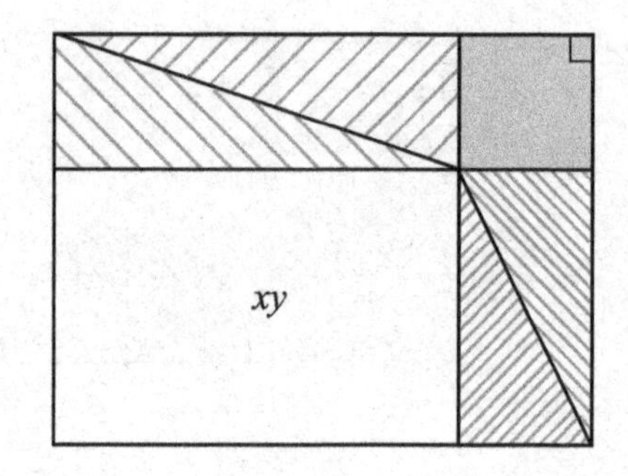

——罗杰　B. 尼尔森（RBN）

正十二边形的面积Ⅱ

半径为 1 的圆中内接正十二边形，则其面积正好为 3.

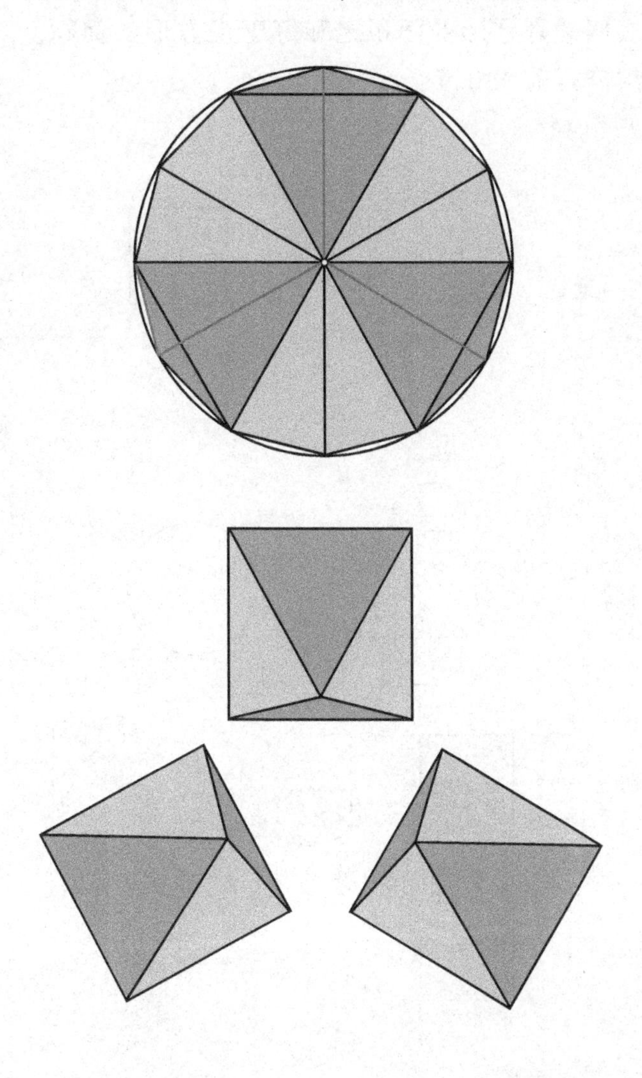

——罗杰　B. 尼尔森（RBN）

四个月牙形的面积之和等于一个正方形的面积

定理．如果一个正方形内接于圆，以它的四条边为直径向外作四个半圆，那么四个月牙形的面积之和等于正方形的面积．[希俄斯的希波克拉底，约公元前440年]

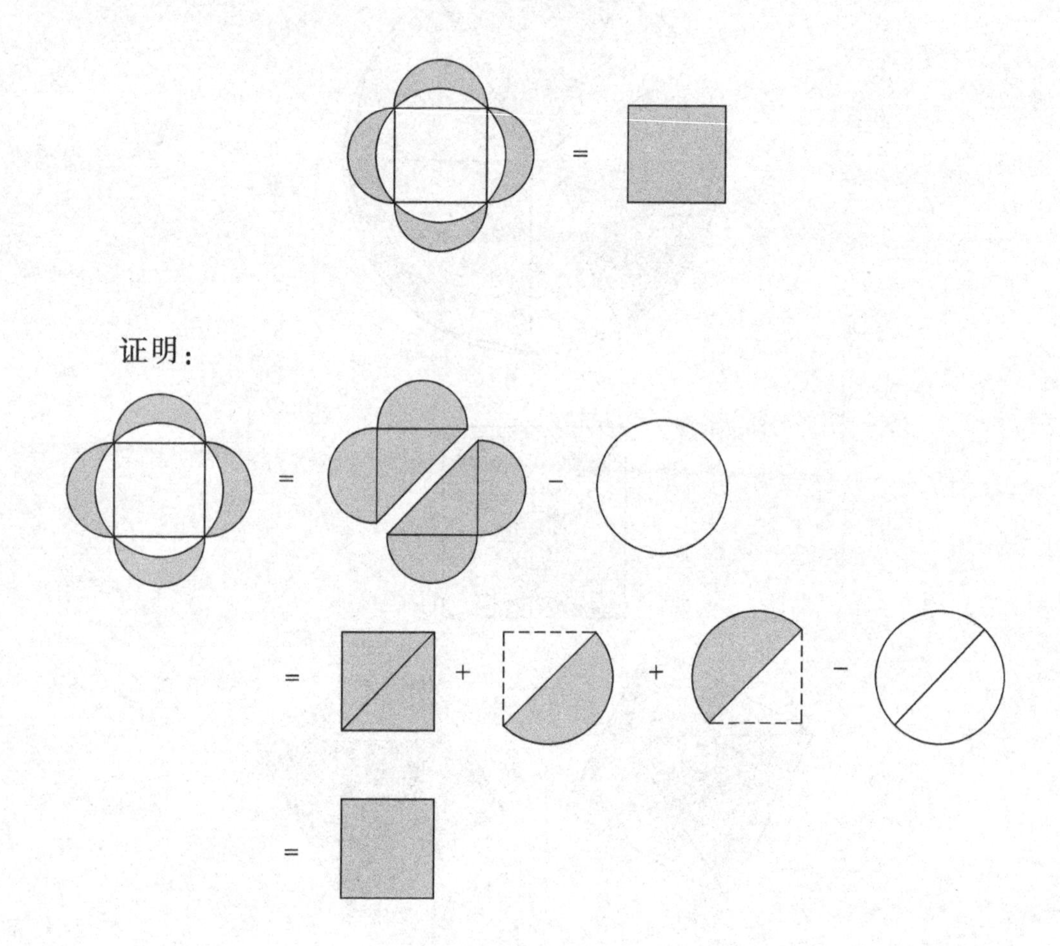

月牙形和正六边形

定理. 如果一个正六边形内接于圆，以它的 6 条边为直径向外作 6 个半圆，那么正六边形的面积等于 6 个月牙形的面积加上一个以正六边形边长为直径的圆的面积.

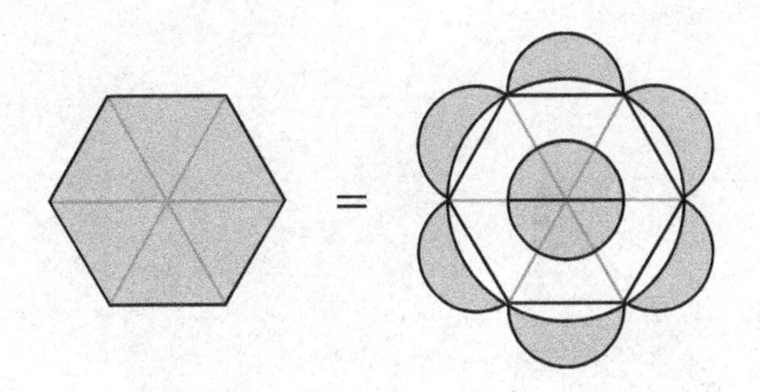

证明：

$[4\cdot\pi(r/2)^2=\pi r^2]$

——罗杰　B. 尼尔森（RBN）

三棱锥的体积

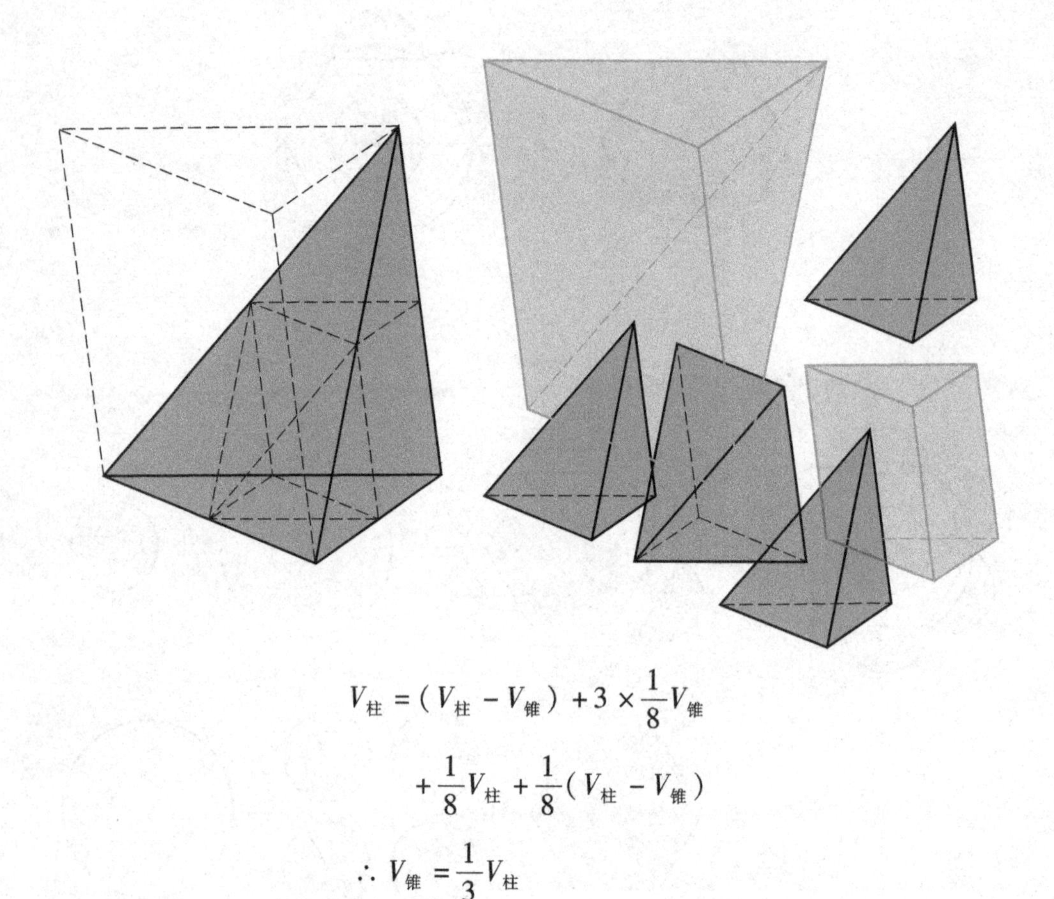

$$V_{柱} = (V_{柱} - V_{锥}) + 3 \times \frac{1}{8} V_{锥} + \frac{1}{8} V_{柱} + \frac{1}{8}(V_{柱} - V_{锥})$$

$$\therefore V_{锥} = \frac{1}{3} V_{柱}$$

——朴普星（Poo-Sung Park）

代数式的面积Ⅳ

Ⅰ. $ax - by = \frac{1}{2}(a+b)(x-y) + \frac{1}{2}(a-b)(x+y)$

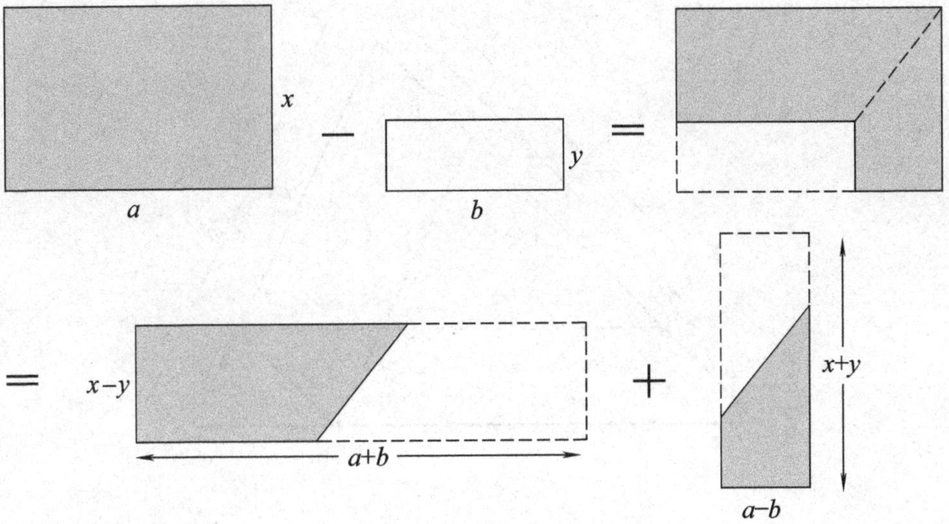

x

a

y

b

x−y

a+b

x+y

a−b

Ⅱ. $ax + by = \frac{1}{2}(a+b)(x+y) + \frac{1}{2}(a-b)(x-y)$

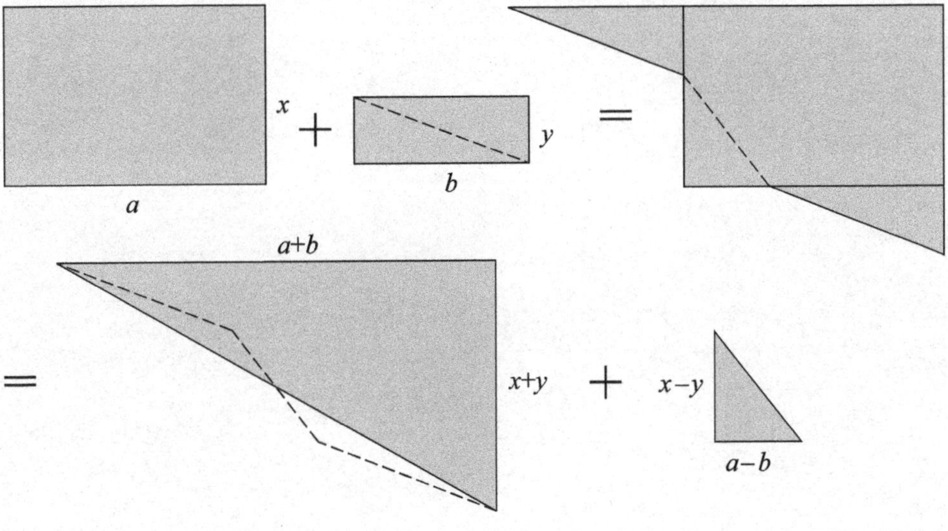

x

a

y

b

a+b

x+y

x−y

a−b

——小林由纪夫（Yukio Kobayashi）

合比与分比——一个关于比例的定理

如果 $bd\neq 0$ 且$\frac{a}{b}=\frac{c}{d}\neq 1$，那么$\frac{a+b}{a-b}=\frac{c+d}{c-d}$.

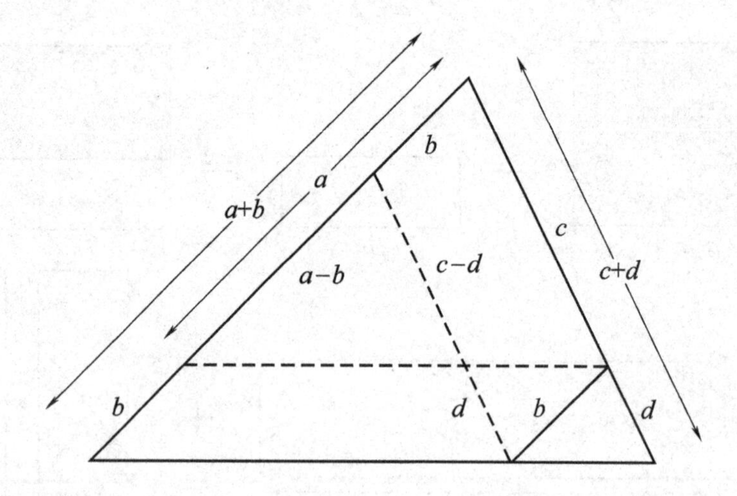

——小林由纪夫（Yukio Kobayashi）

配成完全平方Ⅱ

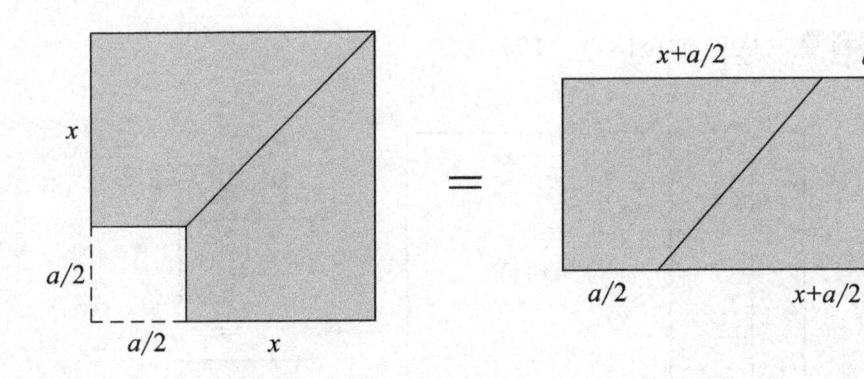

$$\left(x+\frac{a}{2}\right)^2-\left(\frac{a}{2}\right)^2=x(x+a)=x^2+ax.$$

——穆尼尔·马赫穆德（Munir Mahmood）

坎迪多恒等式

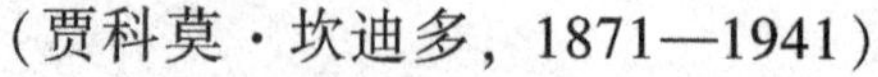

（贾科莫·坎迪多，1871—1941）

$$[x^2+y^2+(x+y)^2]^2=2[x^4+y^4+(x+y)^4]$$

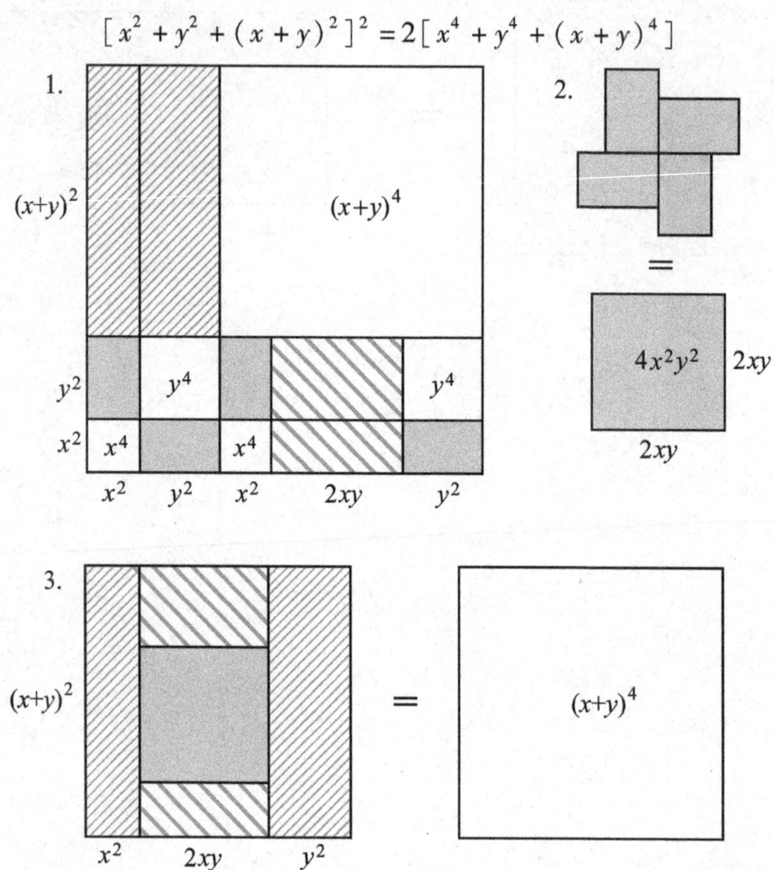

注：坎迪多用这个恒等式推出 $[F_n^2+F_{n+1}^2+F_{n+2}^2]^2=2[F_n^4+F_{n+1}^4+F_{n+2}^4]$，这里 F_n 是第 n 个斐波那契数.

——罗杰　B. 尼尔森（RBN）

三角、微积分与解析几何

两角和或差的正弦（通过正弦定理证明）

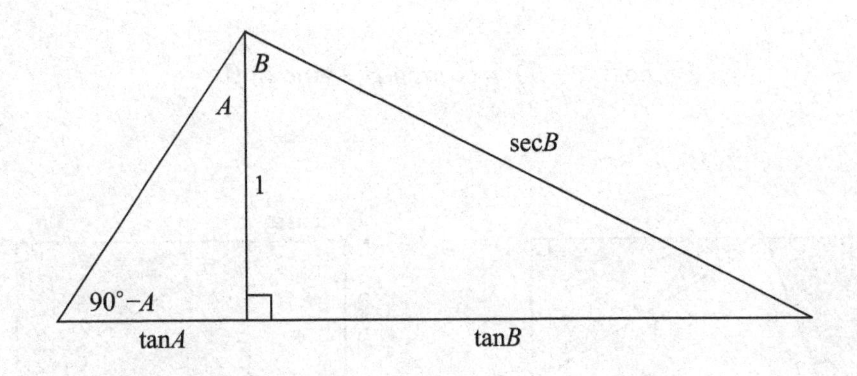

$$\frac{\sin(A+B)}{\tan A+\tan B}=\frac{\sin(90°-A)}{\sec B}$$

$$\therefore \sin(A+B)=\cos A\cos B(\tan A+\tan B)$$
$$=\sin A\cos B+\cos A\sin B$$

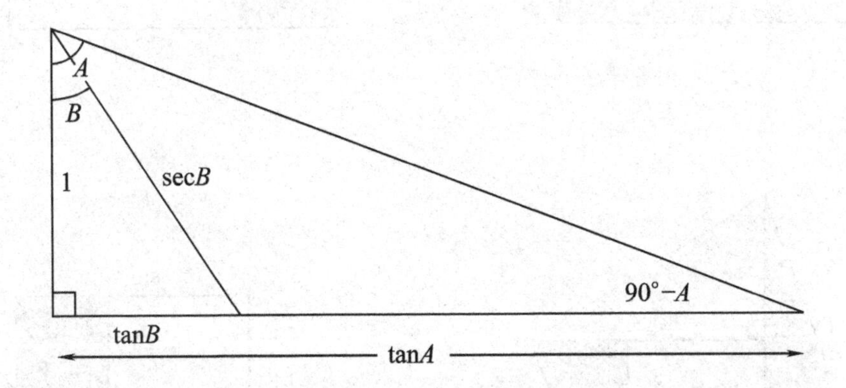

$$\frac{\sin(A-B)}{\tan A-\tan B}=\frac{\sin(90°-A)}{\sec B}$$

$$\therefore \sin(A-B)=\cos A\cos B(\tan A-\tan B)$$
$$=\sin A\cos B-\cos A\sin B$$

——詹姆斯·柯比（James Kirby）

两角差的余弦 I

$$\cos(\alpha-\beta)=\cos\alpha\cos\beta+\sin\alpha\sin\beta.$$

I.

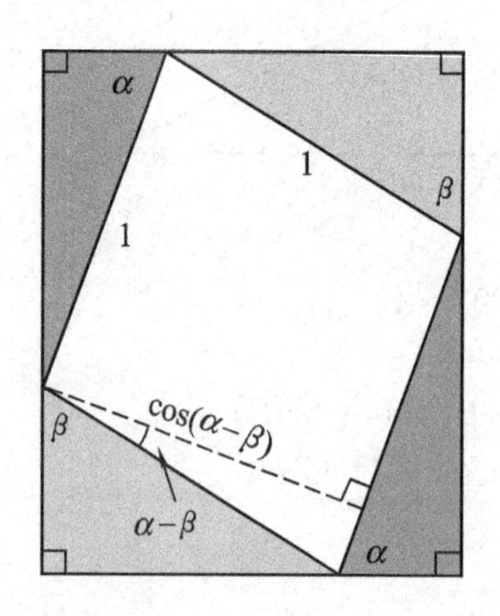

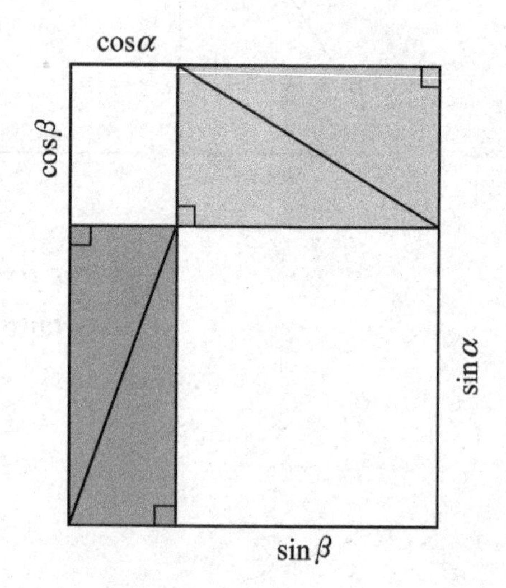

Ⅱ.

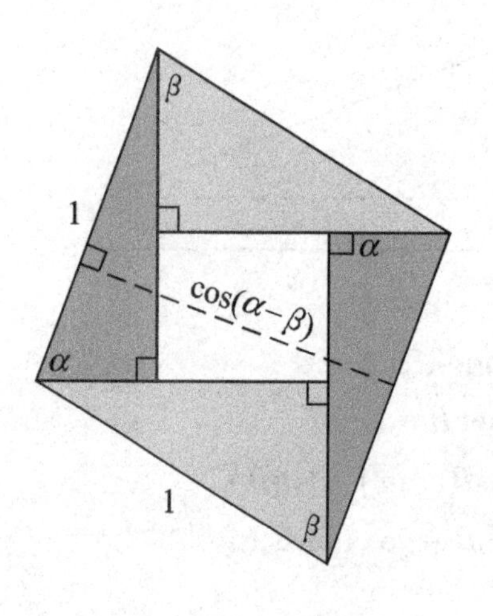

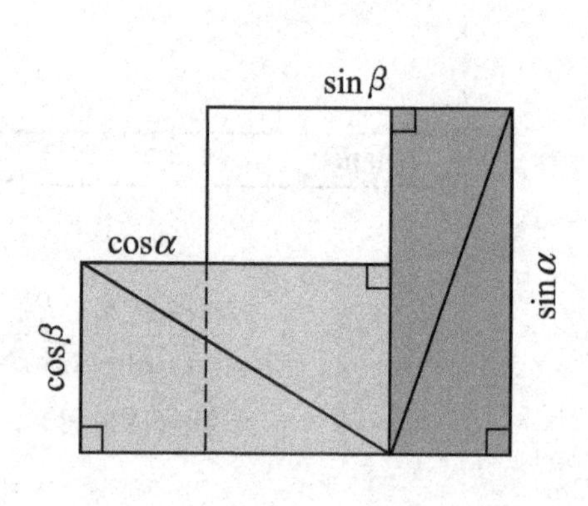

——威廉 T. 韦伯，马修 · 博德（William T. Webber & Matthew Bode）

两角和的正弦Ⅳ以及两角差的余弦Ⅱ

Ⅰ. $\sin(u+v)=\sin u\cos v+\sin v\cos u$.

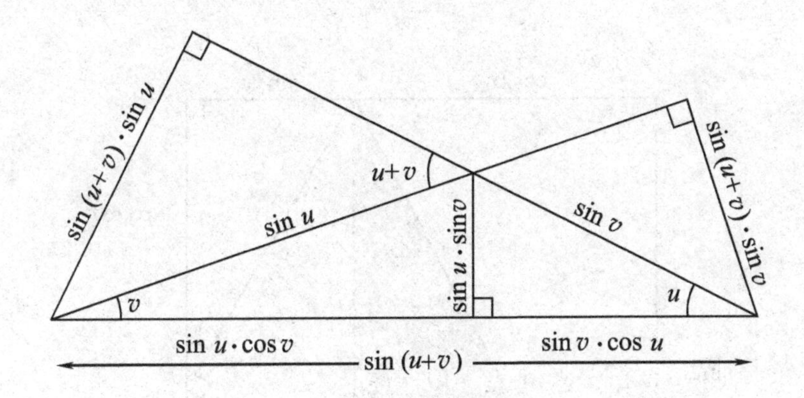

——王龙（Long Wang）

Ⅱ. $\cos(u-v)=\cos u\cos v+\sin u\sin v$.

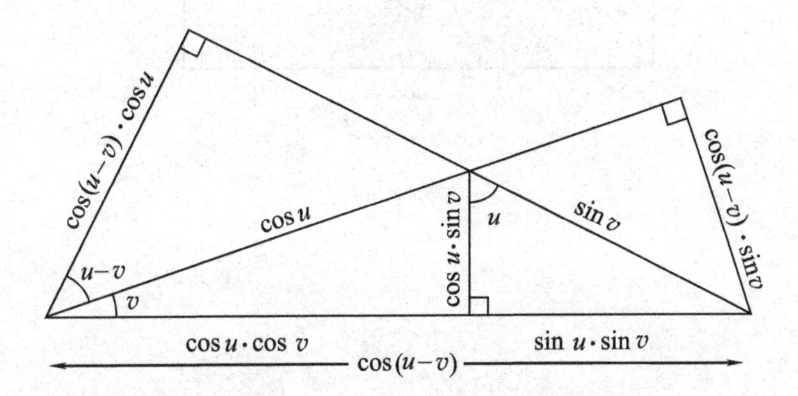

——戴维·里奇森（David Richeson）

二倍角公式Ⅳ

$$\sin 2x = 2\sin x\cos x \text{ 以及 } \cos 2x = \cos^2 x - \sin^2 x$$

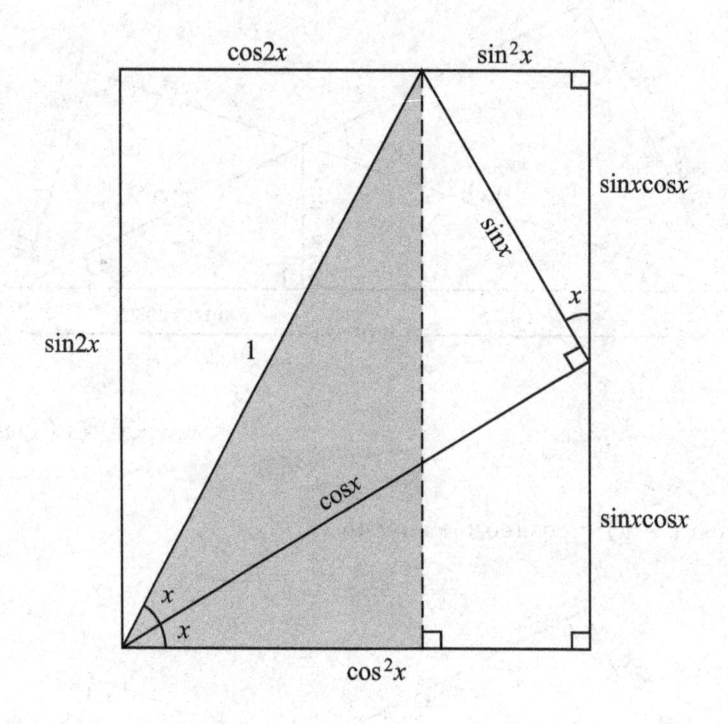

——哈桑·乌纳尔（Hasan Unal）

欧拉正切半角公式

（莱昂哈德·欧拉，1707—1783）

$$\tan\frac{\alpha+\beta}{2}=\frac{\sin\alpha+\sin\beta}{\cos\alpha+\cos\beta}$$

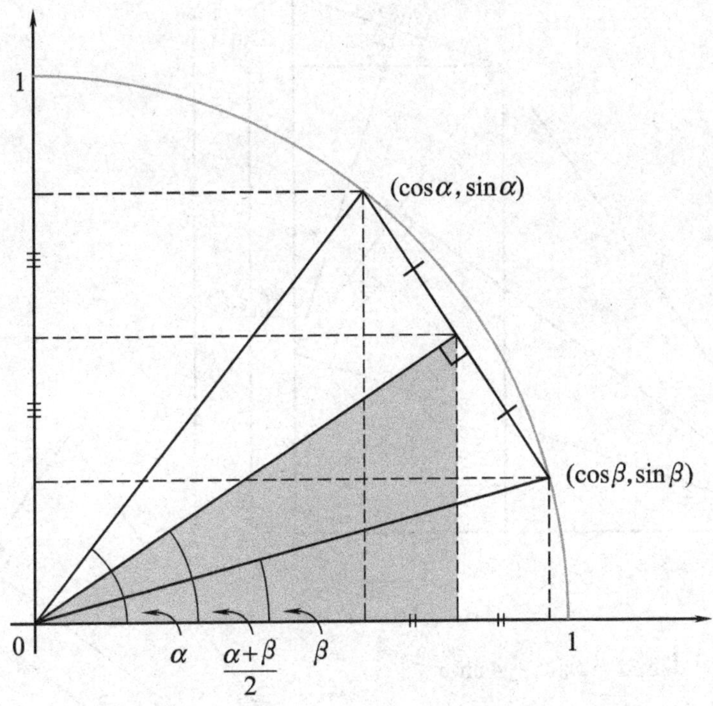

$$\tan\frac{\alpha+\beta}{2}=\frac{(\sin\alpha+\sin\beta)/2}{(\cos\alpha+\cos\beta)/2}=\frac{\sin\alpha+\sin\beta}{\cos\alpha+\cos\beta}.$$

——唐·戈德堡（Don Goldberg）

三倍角的正弦、余弦公式 I

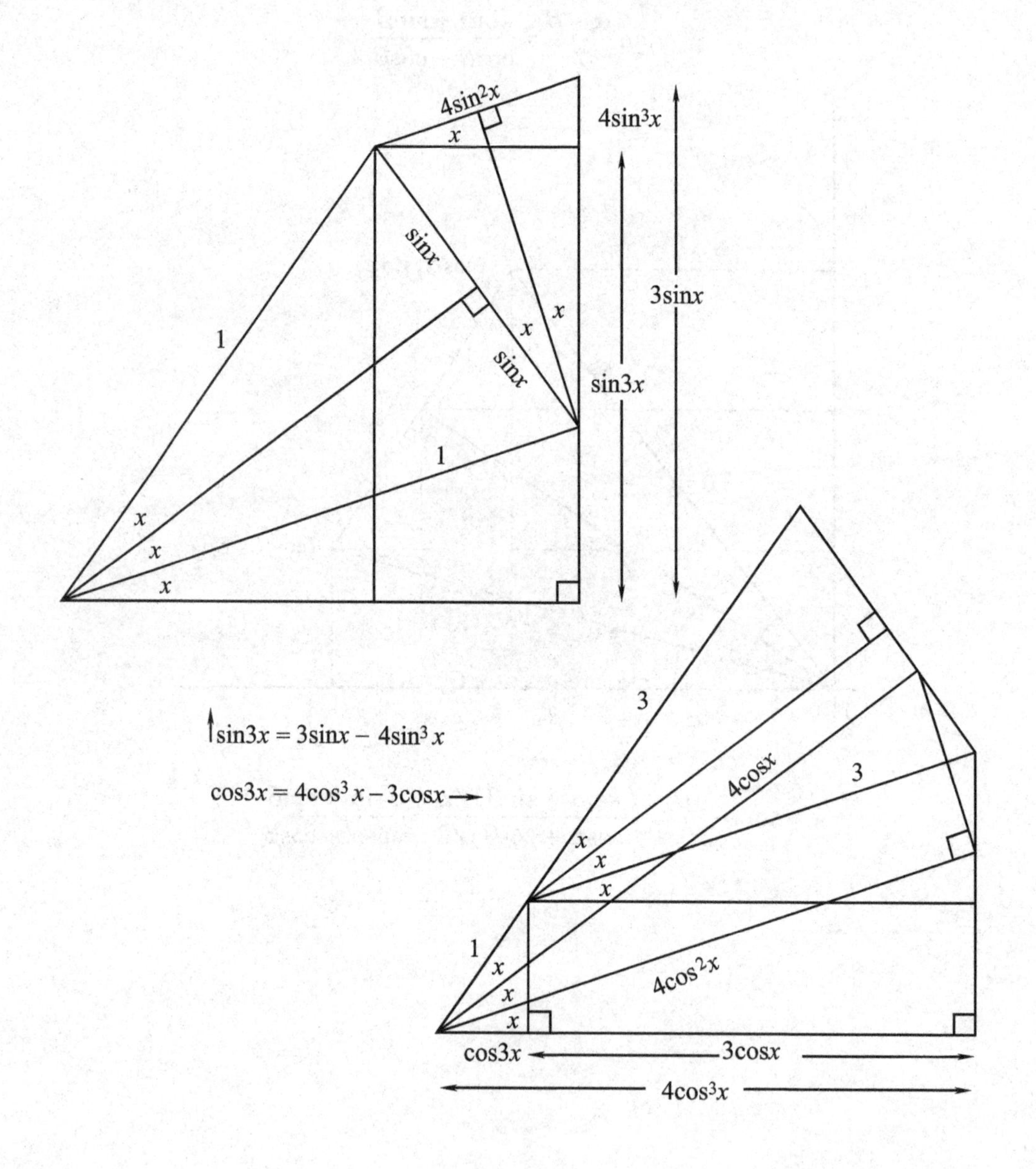

——奥田真吾（Shingo Okuda）

三倍角的正弦、余弦公式Ⅱ

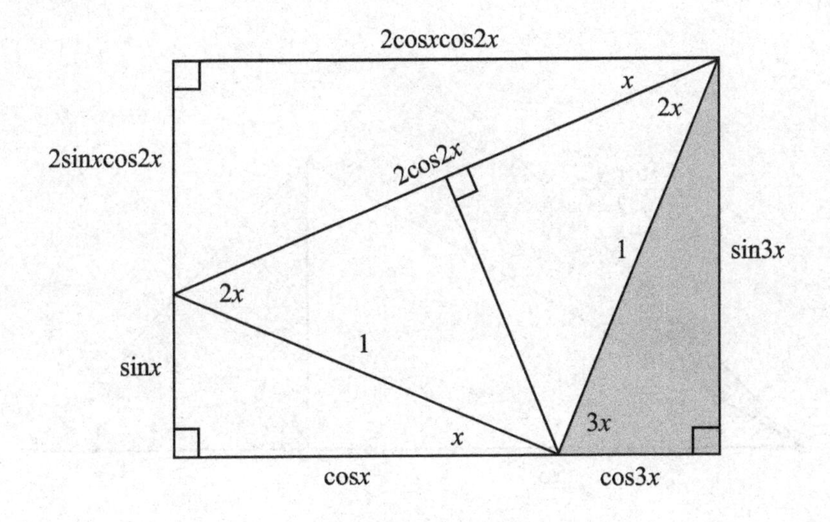

$$
\begin{aligned}
\sin 3x &= 2\sin x\cos 2x + \sin x,\\
&= 2\sin x(1-2\sin^2 x) + \sin x,\\
&= 3\sin x - 4\sin^3 x;\\
\cos 3x &= 2\cos x\cos 2x - \cos x,\\
&= 2\cos x(2\cos^2 x - 1) - \cos x,\\
&= 4\cos^3 x - 3\cos x.
\end{aligned}
$$

——克劳迪·阿尔西纳，罗杰 B. 尼尔森（Claudi Alsina & RBN）

15°角和 75°角的三角函数

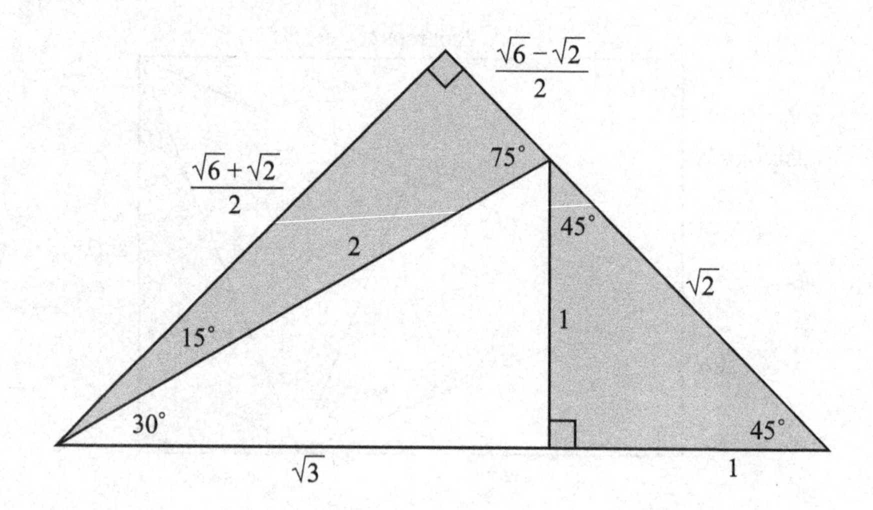

$$\sin 15^\circ=\frac{\sqrt{6}-\sqrt{2}}{4},\ \tan 75^\circ=\frac{\sqrt{6}+\sqrt{2}}{\sqrt{6}-\sqrt{2}},$$

推论．阴影三角形的面积相等且都为 1/2

——拉里 · 赫恩（Larry Hoehn）

18°角及其整倍数的三角函数

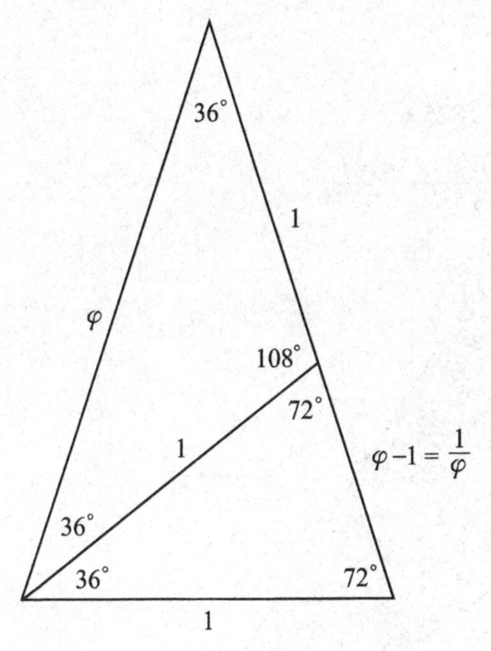

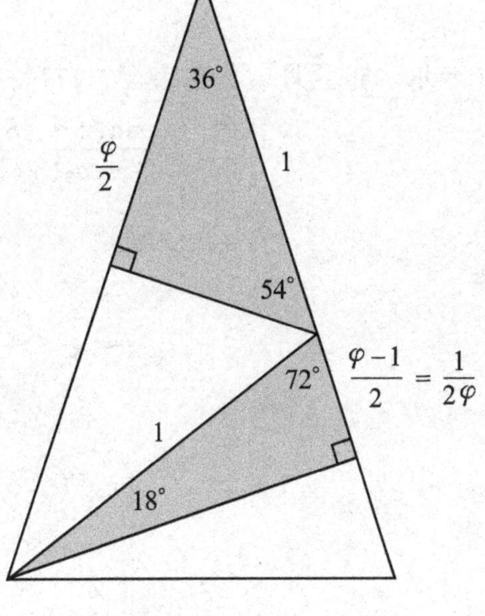

$$\frac{\varphi}{1}=\frac{1}{\varphi-1}$$

$$\varphi^2-\varphi-1=0$$

$$\varphi=\frac{\sqrt{5}+1}{2}$$

$$\sin 54°=\cos 36°=\frac{\varphi}{2}=\frac{\sqrt{5}+1}{4}$$

$$\sin 18°=\cos 72°=\frac{1}{2\varphi}=\frac{1}{\sqrt{5}+1}$$

——布莱恩·布雷迪（Brian Bradie）

莫尔韦德等式Ⅱ

（卡尔·布兰丹·莫尔韦德，1774—1825）

$$\frac{\sin((\alpha-\beta)/2)}{\cos(\gamma/2)}=\frac{a-b}{c}$$

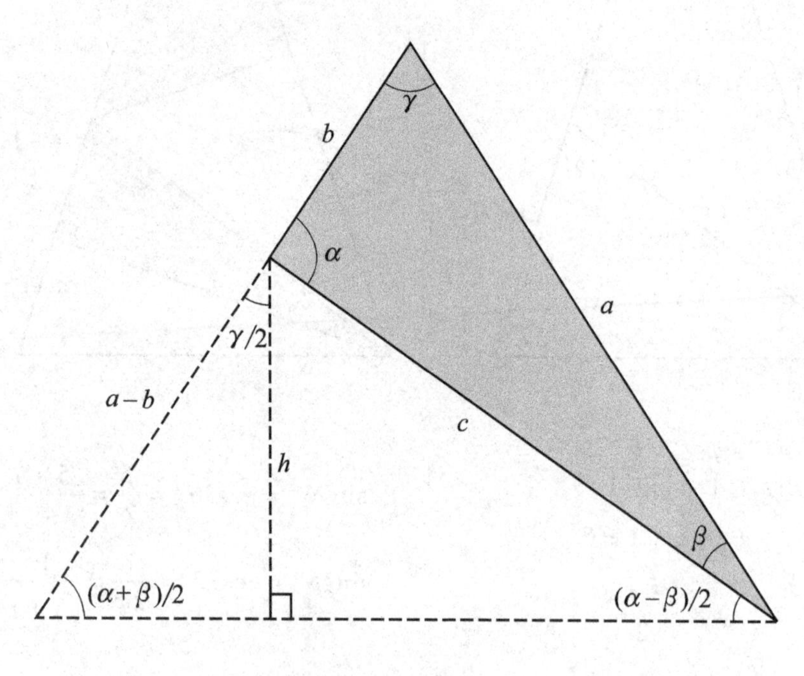

$$\frac{\sin((\alpha-\beta)/2)}{\cos(\gamma/2)}=\frac{h/c}{h/(a-b)}=\frac{a-b}{c}.$$

注：同一作者另一个关于这个恒等式的证明，见数学写真集Ⅱ，大学数学，32（2001），P68-69.

——雷克斯 H. 吴（Rex H. Wu）

一般三角形中的牛顿公式

（艾萨克·牛顿爵士，1642—1726）

$$\frac{\cos((\alpha-\beta)/2)}{\sin(\gamma/2)}=\frac{a+b}{c}$$

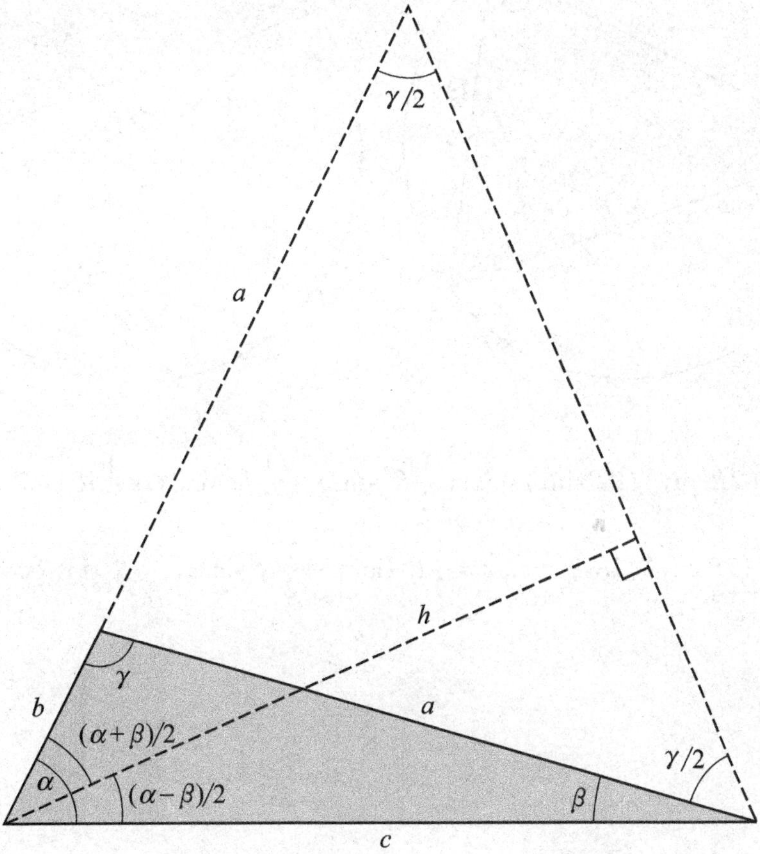

$\gamma/2$

a

h

γ

b

a

$(\alpha+\beta)/2$

$\gamma/2$

α

$(\alpha-\beta)/2$

β

c

$$\frac{\cos((\alpha-\beta)/2)}{\sin(\gamma/2)}=\frac{h/c}{h/(a+b)}=\frac{a+b}{c}.$$

三角形的一个正弦恒等式

$$x+y+z=\pi \Rightarrow 4\sin x\sin y\sin z=\sin 2x+\sin 2y+\sin 2z$$

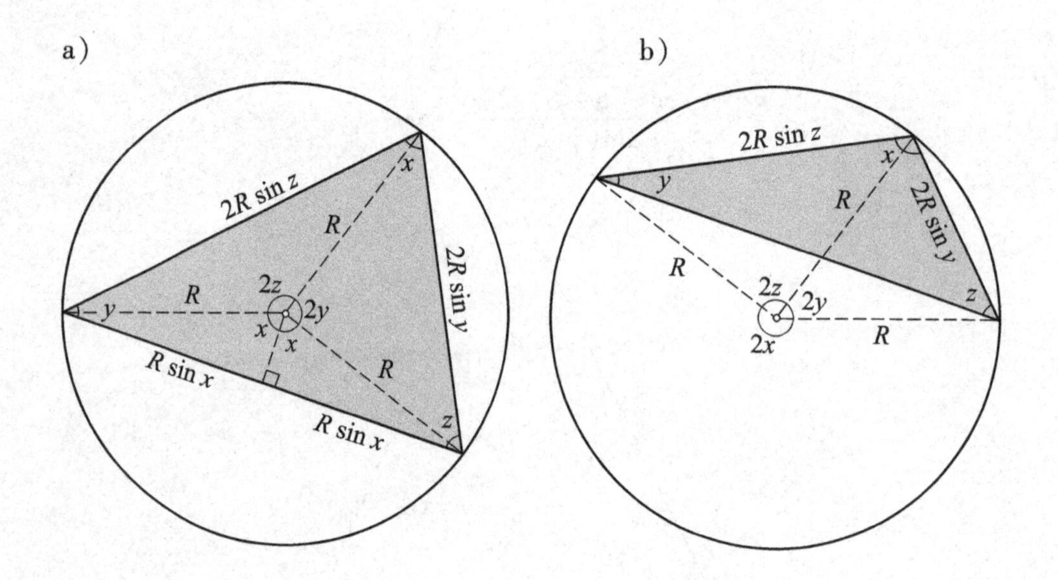

a) $\dfrac{1}{2}(2R\sin y)(2R\sin z)\sin x=\dfrac{1}{2}R^2\sin 2x+\dfrac{1}{2}R^2\sin 2y+\dfrac{1}{2}R^2\sin 2z.$

b) $\dfrac{1}{2}(2R\sin y)(2R\sin z)\sin x=\dfrac{1}{2}R^2\sin 2y+\dfrac{1}{2}R^2\sin 2z-\dfrac{1}{2}R^2\sin(2\pi-2x).$

注：事实上此恒等式对于满足 $x+y+z=\pi$ 的所有实数 x、y、z 均成立.

——罗杰 B. 尼尔森（RBN）

正余函数之和

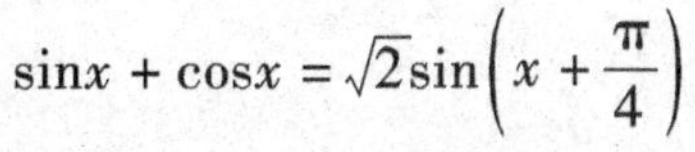

$$\sin x + \cos x = \sqrt{2}\sin\left(x + \frac{\pi}{4}\right)$$

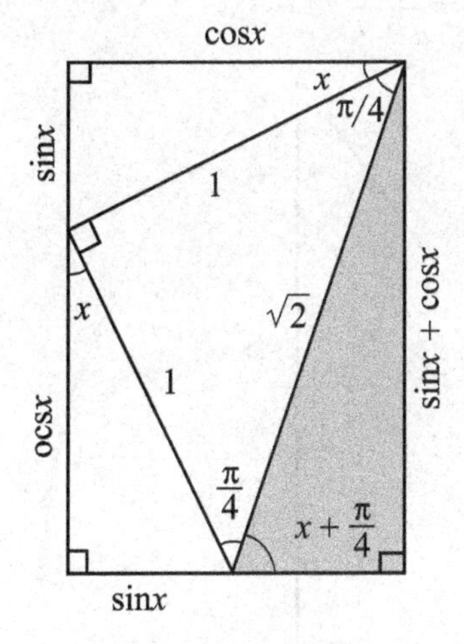

$$\tan x + \cot x = 2\csc(2x)$$

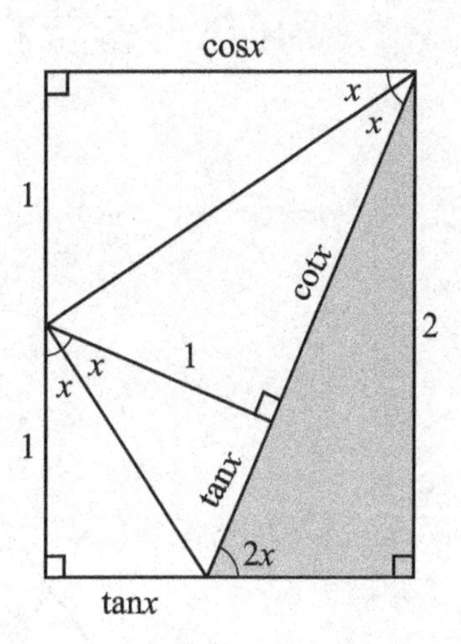

$$\csc x + \cot x = \cot(x/2)$$

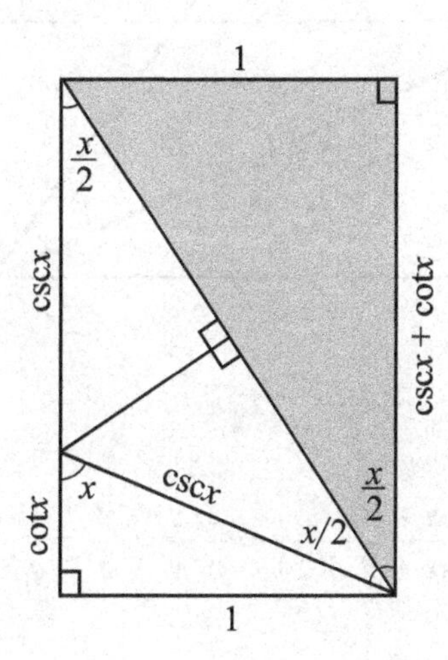

推论：$\cos x - \sin x = \sqrt{2}\cos(x + \pi/4)$，

$\cot x - \tan x = 2\cot(2x)$.

——罗杰　B. 尼尔森（RBN）

正切定理 I

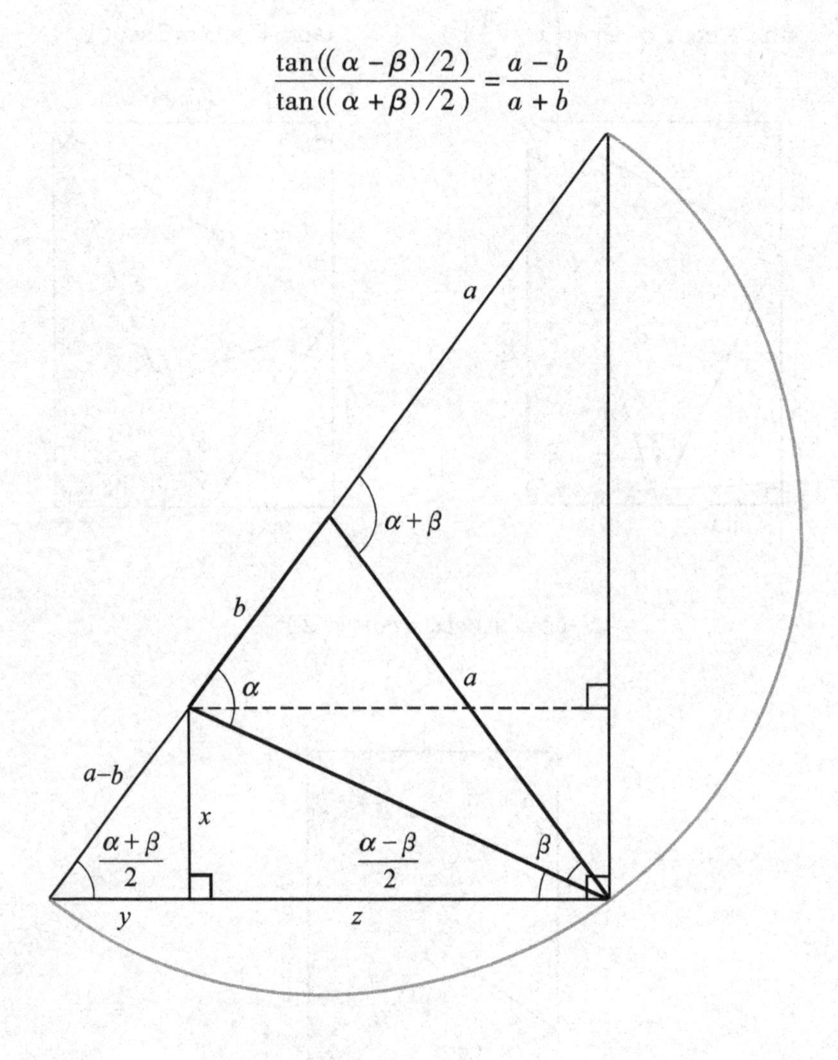

$$\frac{\tan((\alpha-\beta)/2)}{\tan((\alpha+\beta)/2)}=\frac{x/z}{x/y}=\frac{y}{z}=\frac{a-b}{a+b}.$$

——雷克斯 H. 吴 (Rex H. Wu)

正切定理 II

$$\frac{\tan((\alpha-\beta)/2)}{\tan((\alpha+\beta)/2)}=\frac{a-b}{a+b}$$

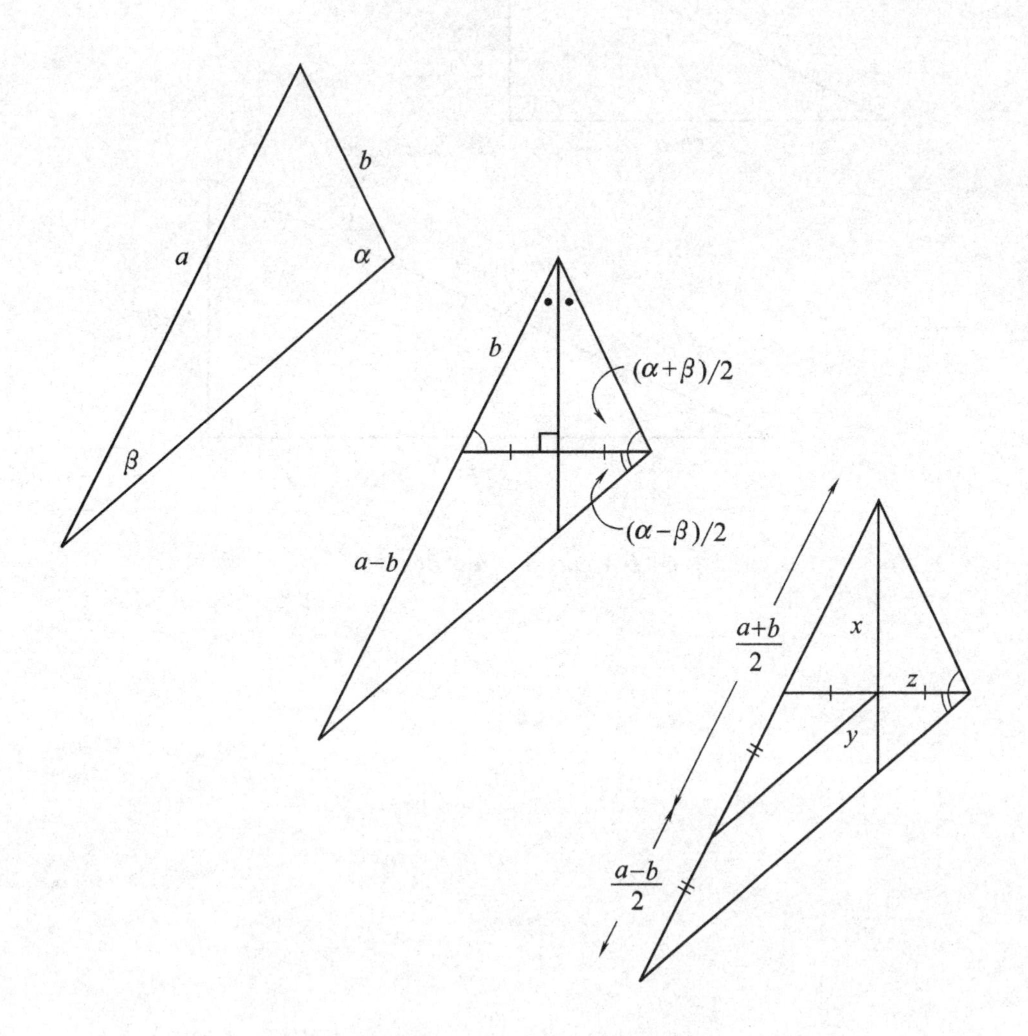

$$\frac{\tan((\alpha-\beta)/2)}{\tan((\alpha+\beta)/2)}=\frac{y/z}{x/z}=\frac{(a-b)/2}{(a+b)/2}=\frac{a-b}{a+b}.$$

——威廉 F. 小切尼（Wm. F. Cheney，Jr.）

想找 $x+y=xy$ 的一组解?

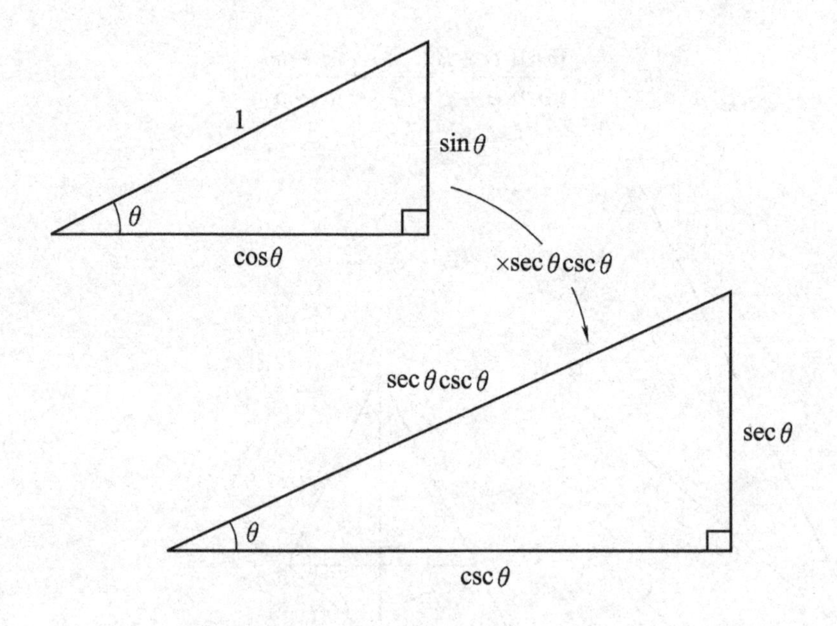

$$\sec^2\theta+\csc^2\theta=\sec^2\theta\csc^2\theta.$$

——罗杰　B. 尼尔森（RBN）

sec$x$ + tan$x$ 的一个恒等式

$$\sec x+\tan x=\tan\left(\frac{\pi}{4}+\frac{x}{2}\right)$$

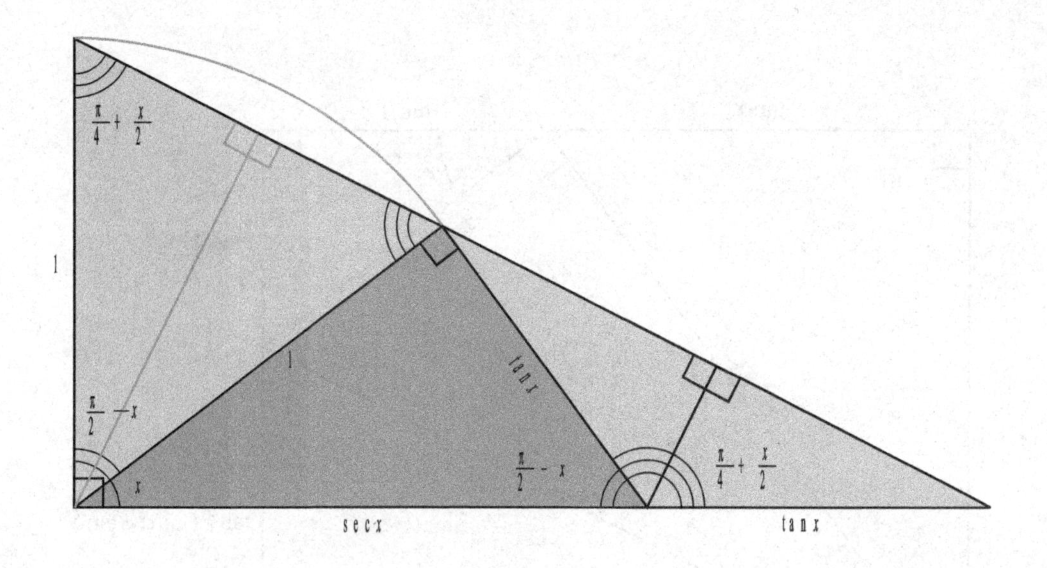

注：微积分班上的学生会一眼认出 sec$x$ + tan$x$ 这个式子，因为它出现在 x 的正割的不定积分中．然而，1645 年人们首次解出此积分时，得到的公式却是：

$$\int\sec x\mathrm{d}x=\ln\left|\tan\left(\frac{\pi}{4}+\frac{\pi}{2}\right)\right|+C.$$

详细请见：V. F. 里基和 P. M. 塔钦斯基，地理在数学中的应用：正割积分的历史，数学杂志，53（1980），P162-166.

——罗杰　B. 尼尔森（RBN）

正切乘积的和

若 α、β、γ 是锐角，且满足 $\alpha+\beta+\gamma=\pi/2$，则

$$\tan\alpha\tan\beta+\tan\beta\tan\gamma+\tan\gamma\tan\alpha=1.$$

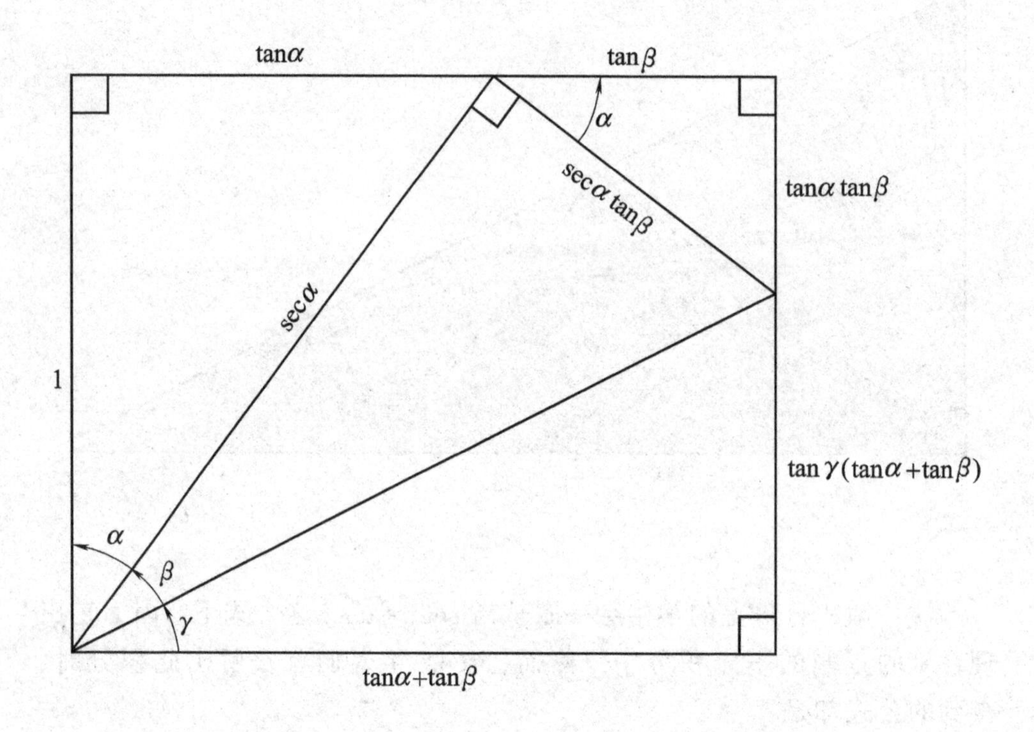

——罗杰　B. 尼尔森（RBN）

三个正切的和与积

如果 α、β、γ 分别是锐角三角形的三个锐角，那么

$$\tan\alpha+\tan\beta+\tan\gamma=\tan\alpha\tan\beta\tan\gamma.$$

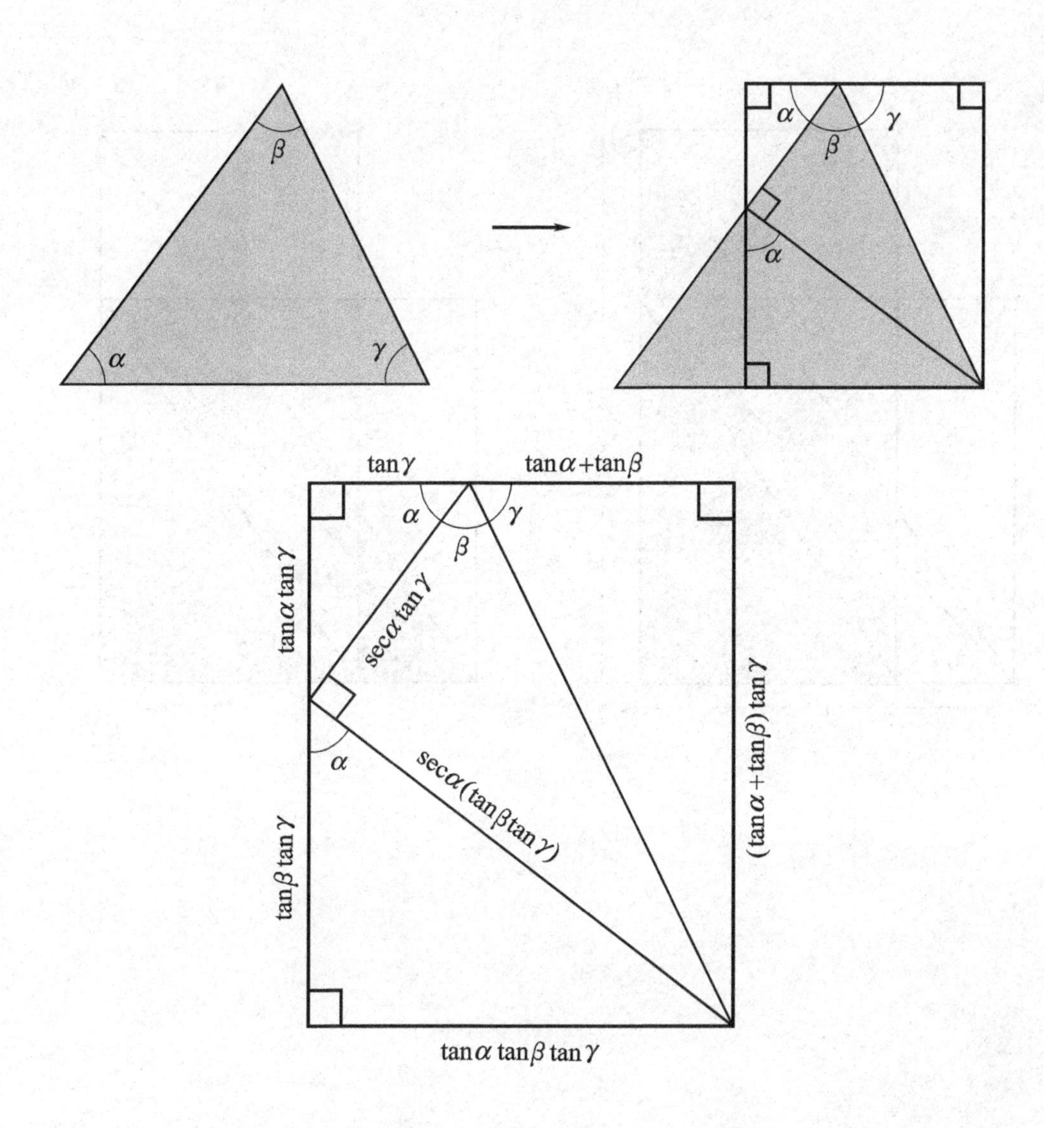

注：这个结论对任意和为 π 的角 α、β、γ 都成立（α、β、γ 都不能是 $\pi/2$ 的奇数倍）.

——罗杰 B. 尼尔森（RBN）

正切的乘积

$$\tan(\pi/4+\alpha)\cdot\tan(\pi/4-\alpha)=1$$

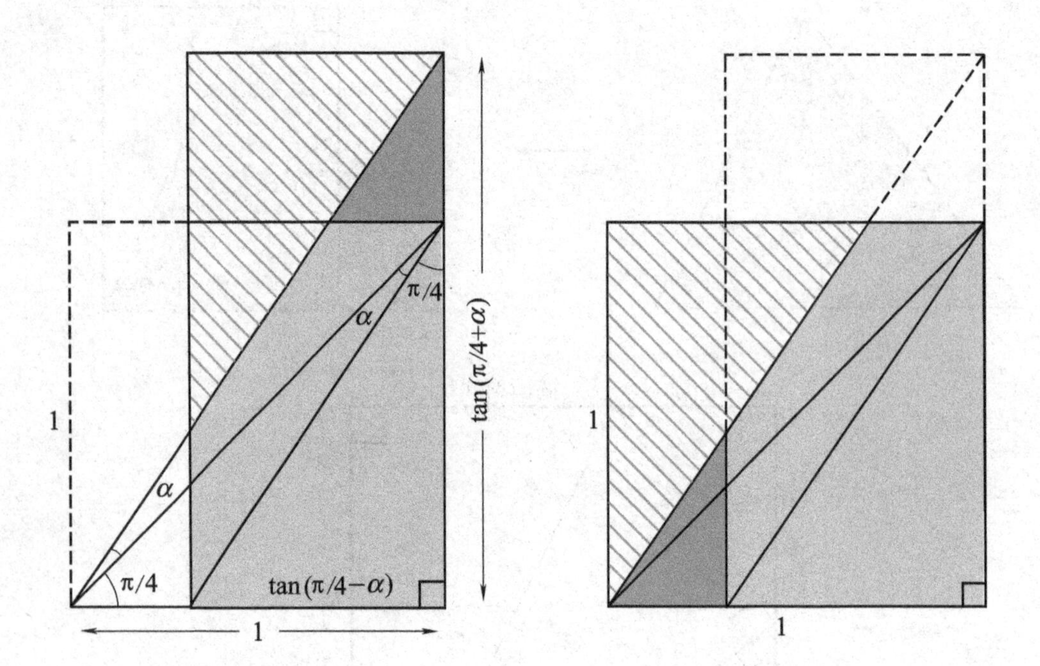

——罗杰　B. 尼尔森（RBN）

反正切的和 II

$$0 < m < n \Rightarrow \arctan\left(\frac{m}{n}\right) + \arctan\left(\frac{n-m}{n+m}\right) = \frac{\pi}{4}$$

I.

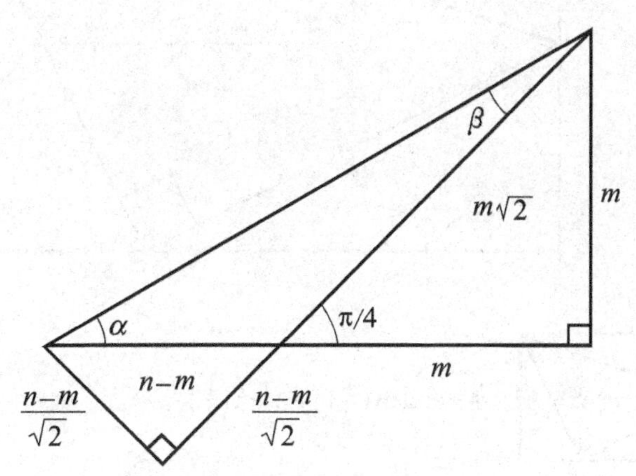

$$\alpha = \arctan\left(\frac{m}{n}\right),\ \beta = \arctan\left(\frac{(n-m)\ /\sqrt{2}}{(n-m)/\sqrt{2} + m\sqrt{2}}\right) = \arctan\left(\frac{n-m}{n+m}\right)$$

$$\alpha + \beta = \pi/4$$

——杰弗里 A. 坎达尔 (Geoffrey A. Kandall)

II.

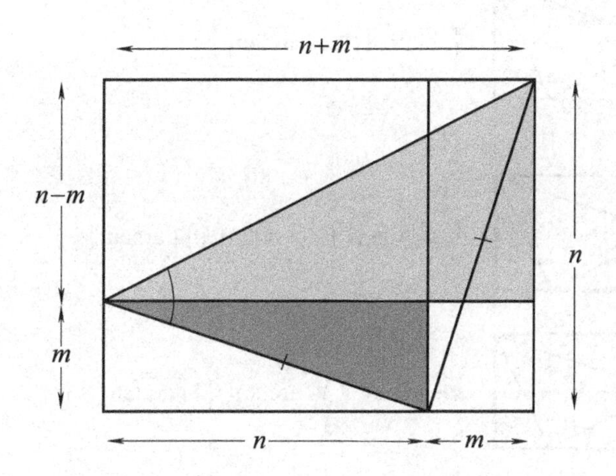

——罗杰 B. 尼尔森 (RBN)

一个图形，五个反正切恒等式

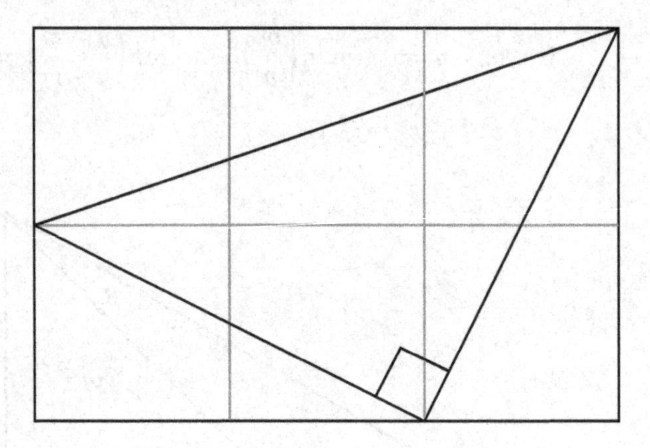

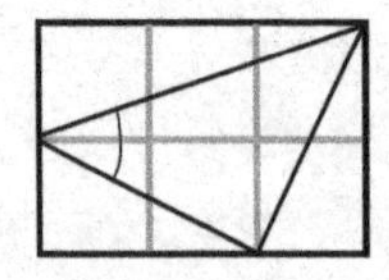

$\frac{\pi}{4}=\arctan\left(\frac{1}{2}\right)+\arctan\left(\frac{1}{3}\right)$

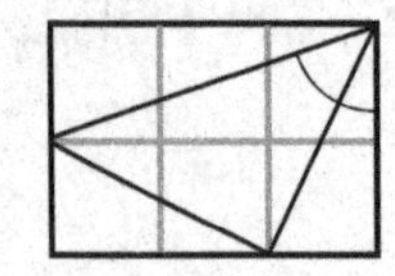

$\frac{\pi}{4}=\arctan(3)-\arctan\left(\frac{1}{2}\right)$

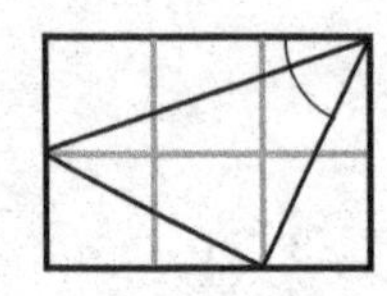

$\frac{\pi}{4}=\arctan(2)-\arctan\left(\frac{1}{3}\right)$

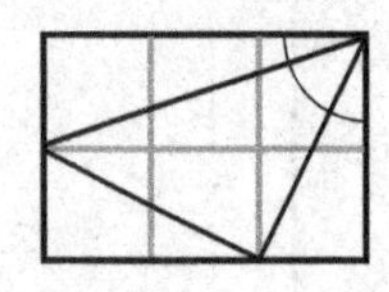

$\frac{\pi}{2}=\arctan(1)+\arctan\left(\frac{1}{2}\right)+\arctan\left(\frac{1}{3}\right)$

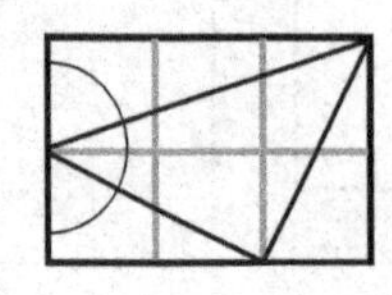

$\pi=\arctan(1)+\arctan(2)+\arctan(3)$

——雷克斯 H. 吴（Rex H. Wu）

赫顿和斯特拉尼斯基公式

赫顿公式：

$$\frac{\pi}{4}=2\arctan\frac{1}{3}+\arctan\frac{1}{7} \tag{1}$$

斯特拉尼斯基公式：

$$\frac{\pi}{4}=\arctan\frac{1}{2}+\arctan\frac{1}{5}+\arctan\frac{1}{8} \tag{2}$$

证明：

(1)

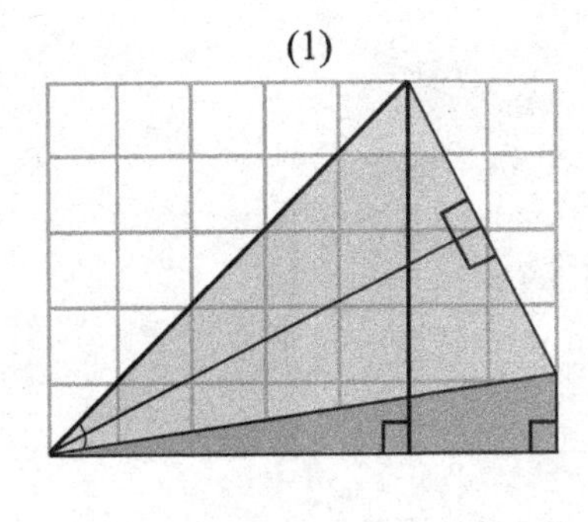

(2)

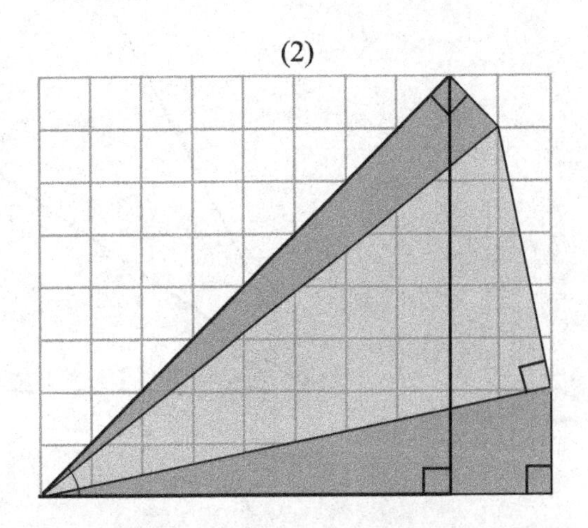

注：查尔斯·赫顿于1776年发表公式（1），在1789年乔格·冯·维加利用这个式子以及格雷果里反正切级数将π计算到了小数点后143位（其中前126位是正确的）. 1844年，L. K. 舒尔茨·冯·斯特拉尼斯基帮助扎卡赖亚斯·达斯证明了公式（2）. 后者用它计算了π的小数点后200位.

——罗杰　B. 尼尔森（RBN）

一个反正切恒等式

$$\arctan(x+\sqrt{1+x^2})=\frac{\pi}{4}+\frac{1}{2}\arctan x$$

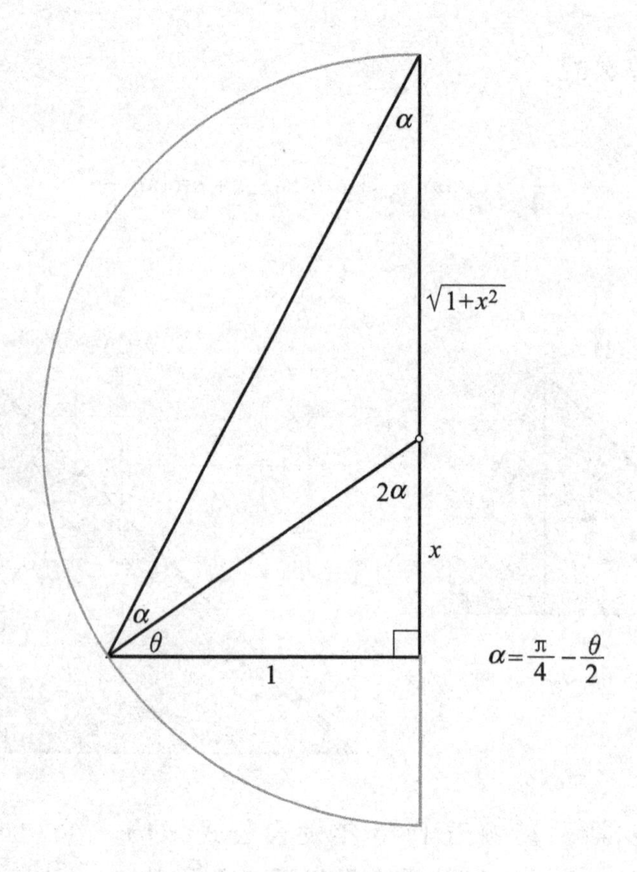

——P. D. 巴里 (P. D. Barry)

欧拉反正切恒等式

$$\arctan\left(\frac{1}{x}\right)=\arctan\left(\frac{1}{x+y}\right)+\arctan\left(\frac{y}{x^2+xy+1}\right)$$

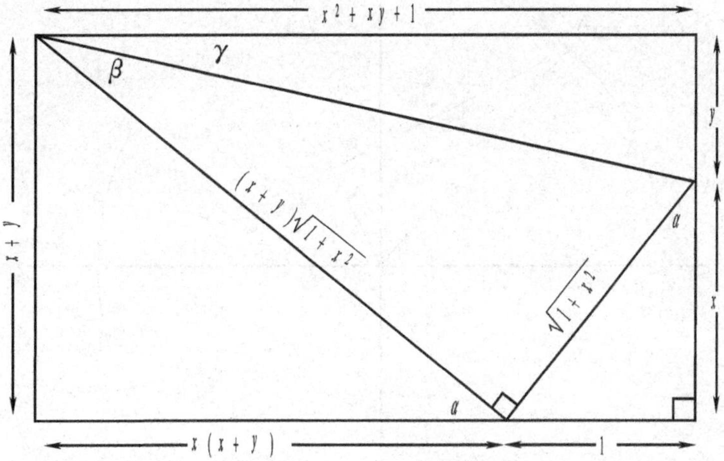

注：这是莱昂哈德·欧拉发现的众多优美的反正切恒等式之一，他应用这个公式去计算 π. 对于 $x=y=1$，我们得到欧拉的梅钦类公式 $\frac{\pi}{4}=\arctan\left(\frac{1}{2}\right)+\arctan\left(\frac{1}{3}\right)$. 对于 $x=2$，$y=1$，有 $\arctan\left(\frac{1}{2}\right)=\arctan\left(\frac{1}{3}\right)+\arctan\left(\frac{1}{7}\right)$. 将其代入前面恒等式，我们得到赫顿公式 $\frac{\pi}{4}=2\arctan\left(\frac{1}{3}\right)+\arctan\left(\frac{1}{7}\right)$.

1847 年，克劳森将赫顿公式与反正切的幂级数展开结合，用于检验将 π 计算到小数点后 248 位的结果.

——雷克斯 H. 吴（Rex H. Wu）

函数 $a\cos t+b\sin t$ 的极值

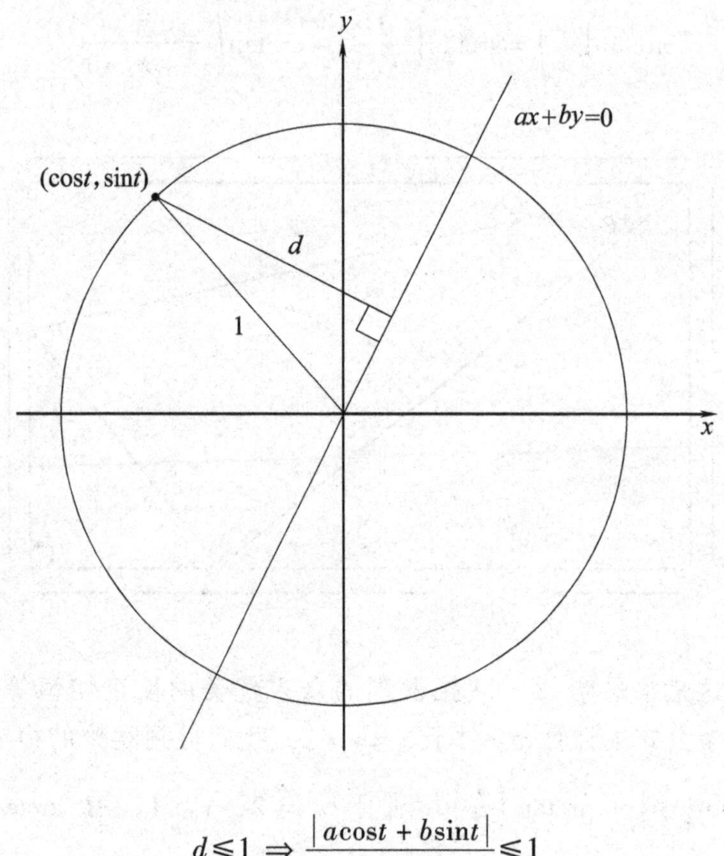

$$d\leqslant 1\Rightarrow\frac{|a\cos t+b\sin t|}{\sqrt{a^2+b^2}}\leqslant 1$$

$$-\sqrt{a^2+b^2}\leqslant a\cos t+b\sin t\leqslant\sqrt{a^2+b^2}$$

——M. 巴亚特，M. 哈桑尼，H. 泰莫里（M. Bayat，M. Hassani，H. Teimoori）

最小面积问题

对于正数 a、b，找到过点(a,b)的直线，使得其在第一象限内截得的三角形面积 K 最小.

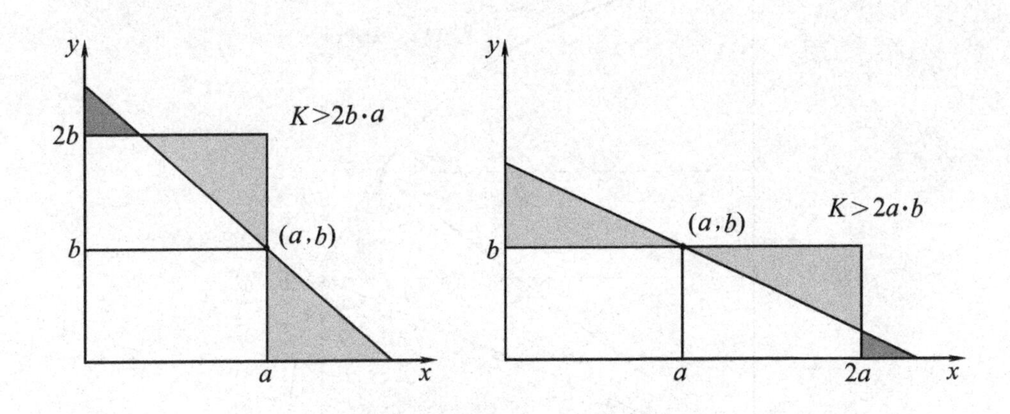

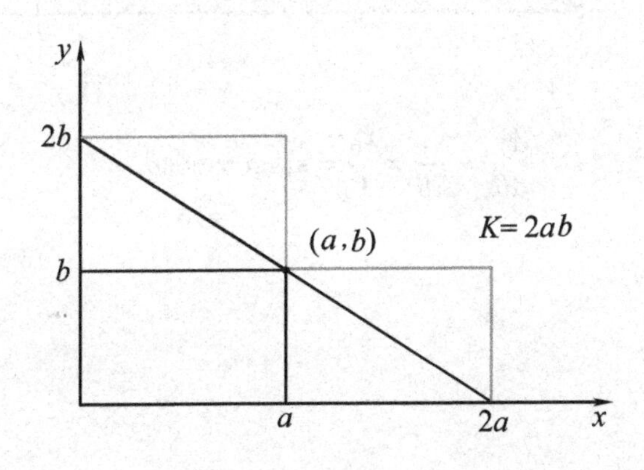

$$\frac{x}{a}+\frac{y}{b}=2.$$

正弦的导数

$$\frac{\mathrm{d}}{\mathrm{d}\theta}\sin\theta = \cos\theta$$

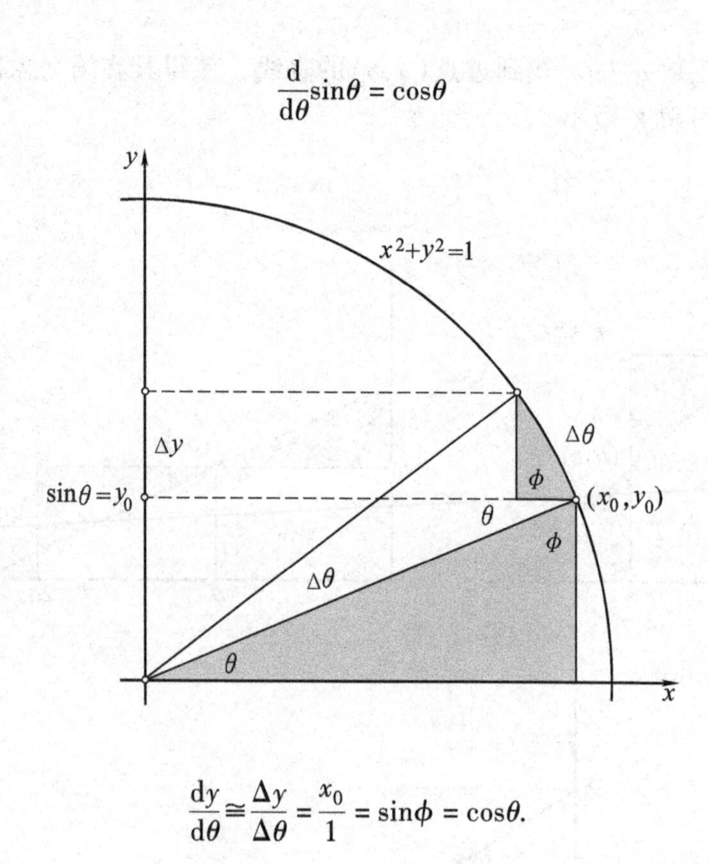

$$\frac{\mathrm{d}y}{\mathrm{d}\theta} \cong \frac{\Delta y}{\Delta\theta} = \frac{x_0}{1} = \sin\phi = \cos\theta.$$

——唐纳德·哈蒂格（Donald Hartig）

正切的导数

$$\frac{\mathrm{d}}{\mathrm{d}\theta}\tan\theta = \sec^2\theta$$

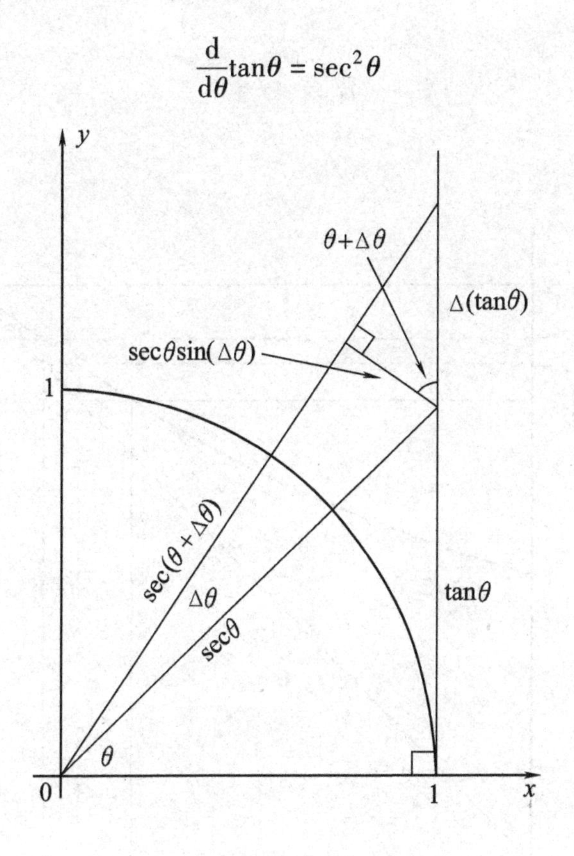

$$\frac{\sec(\theta+\Delta\theta)}{1} = \frac{\Delta(\tan\theta)}{\sec\theta\sin(\Delta\theta)}$$

$$\frac{\Delta(\tan\theta)}{\Delta\theta} = \sec\theta\sec(\theta+\Delta\theta)\frac{\sin(\Delta\theta)}{\Delta\theta}$$

$$\therefore \frac{\mathrm{d}(\tan\theta)}{\mathrm{d}\theta} = \sec^2\theta$$

——小林由纪夫（Yukio Kobayashi）

一个极限的几何求值 II

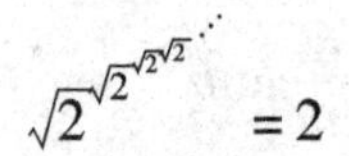

$$\sqrt{2}^{\sqrt{2}^{\sqrt{2}^{\sqrt{2}^{\cdot^{\cdot^{\cdot}}}}}}=2$$

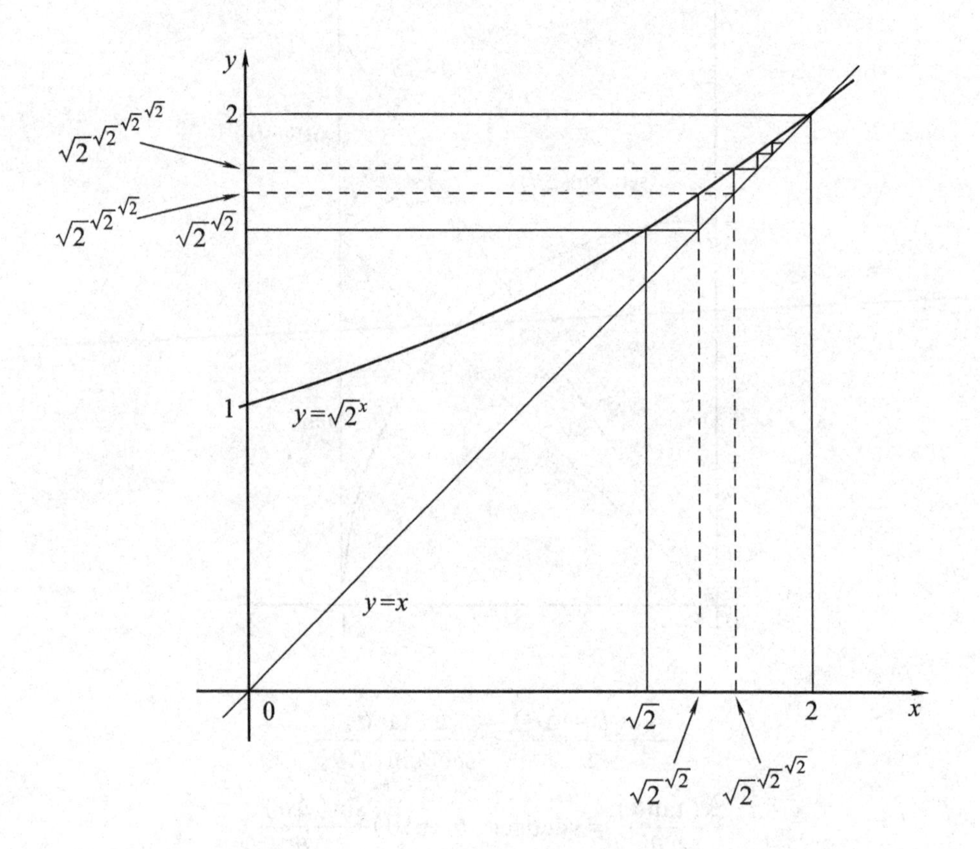

——F. 阿扎尔帕纳（F. Azarpanah）

一个数及其倒数的对数

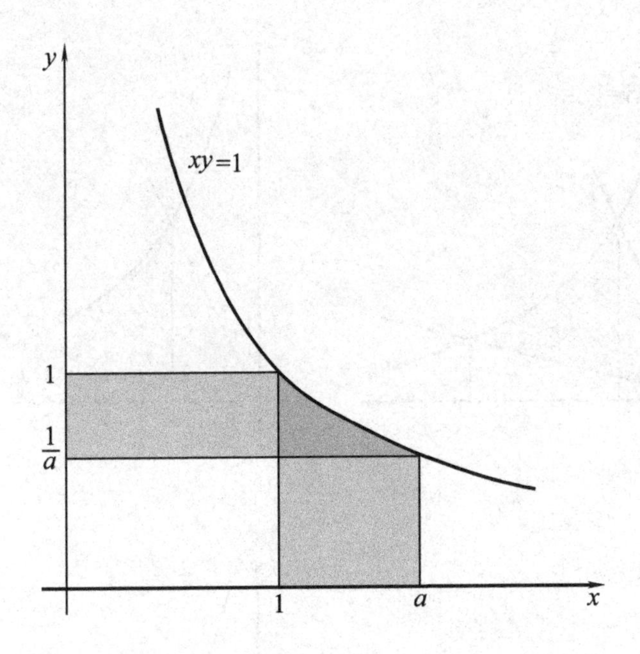

$$\int_{1/a}^{1}\frac{1}{y}\mathrm{d}y=\int_{1}^{a}\frac{1}{x}\mathrm{d}x$$

$$-\ln\frac{1}{a}=\ln a$$

——文森特·费利尼（Vincent Ferlini）

单位双曲线围出的等面积区域

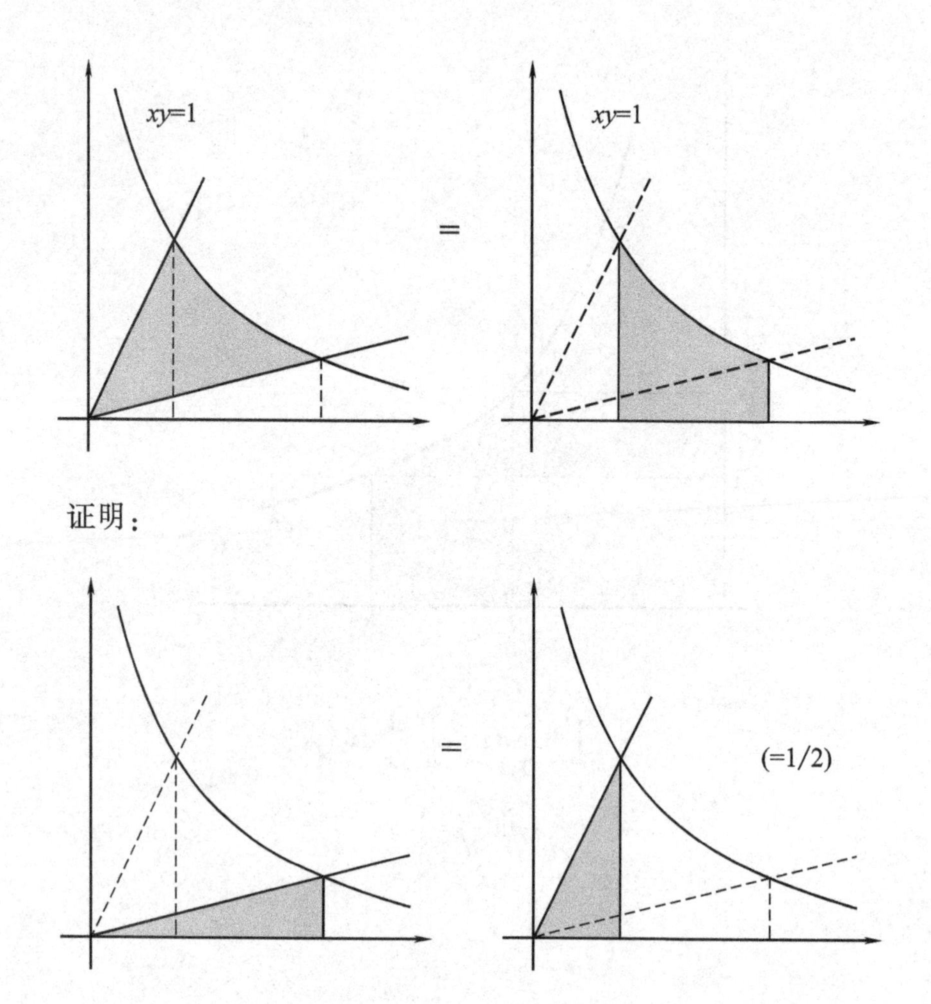

魏尔斯特拉斯替换法 II

（卡尔·西奥多·威廉·魏尔斯特拉斯，1815—1897）

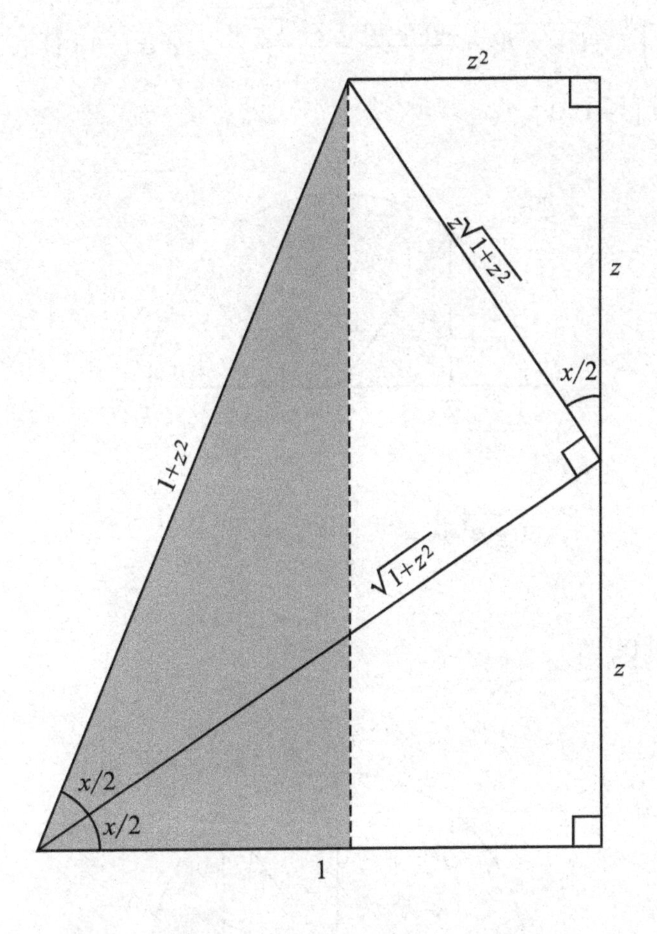

$$z=\tan\frac{x}{2} \Rightarrow \sin x=\frac{2z}{1+z^2},\quad \cos x=\frac{1-z^2}{1+z^2}.$$

——西德尼 H. 昆（Sidney H. Kung）

看，无需换元！㊀

$$\int_a^1 \sqrt{1-x^2}\mathrm{d}x = \frac{\arccos a}{2} - \frac{a\sqrt{1-a^2}}{2},\ a\in[-1,1].$$

Ⅰ. $a\in[-1,0]$

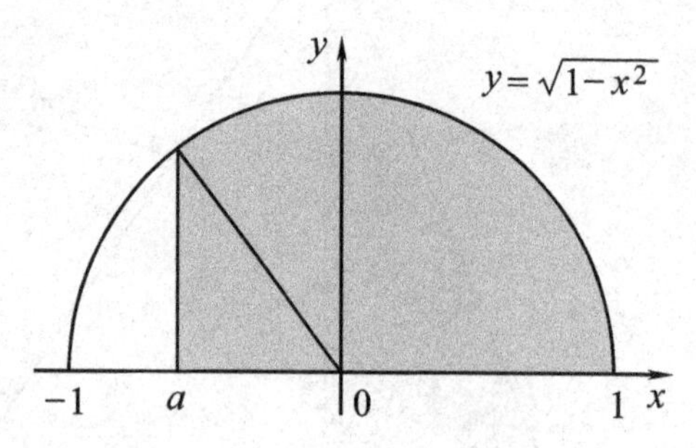

$$\int_a^1 \sqrt{1-x^2}\mathrm{d}x = \frac{\arccos a}{2} + \frac{(-a)\sqrt{1-a^2}}{2}.$$

Ⅱ. $a\in[0,1]$

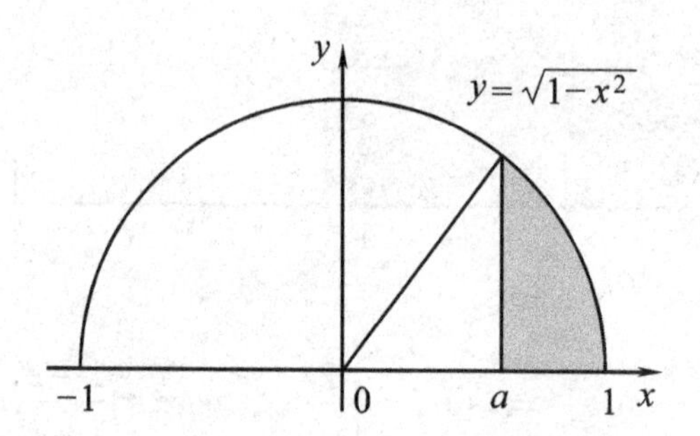

$$\int_a^1 \sqrt{1-x^2}\mathrm{d}x = \frac{\arccos a}{2} - \frac{a\sqrt{1-a^2}}{2}.$$

——马克·钱伯兰（Marc Chamberland）

㊀ 原文为“Look Ma，No Substitution!”，源于国外网络流行语. 起源为一个孩子骑自行车“大撒把”，冲着妈妈大喊“Look Ma，No Hands!”，引申为大胆出格的举动.

自然对数的积分

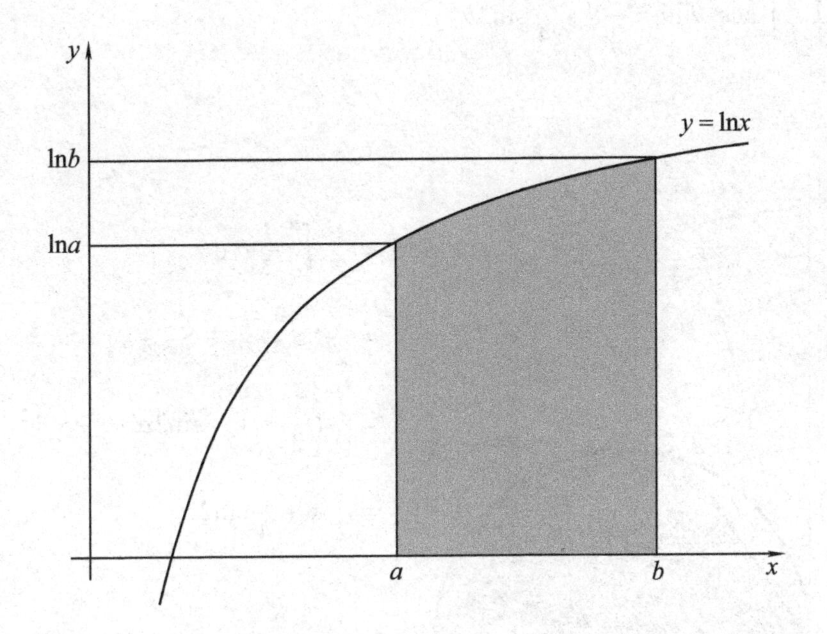

$$\begin{aligned}\int_a^b \ln x \mathrm{d}x &= b\ln b - a\ln a - \int_{\ln a}^{\ln b} \mathrm{e}^y \mathrm{d}y \\ &= x\ln x \Big|_a^b - (b-a) \\ &= (x\ln x - x) \Big|_a^b\end{aligned}$$

——罗杰　B. 尼尔森（RBN）

$\cos^2\theta$ 和 $\sec^2\theta$ 的积分

Ⅰ. $\int \cos^2\theta \mathrm{d}\theta = \frac{1}{2}\theta + \frac{1}{4}\sin 2\theta$

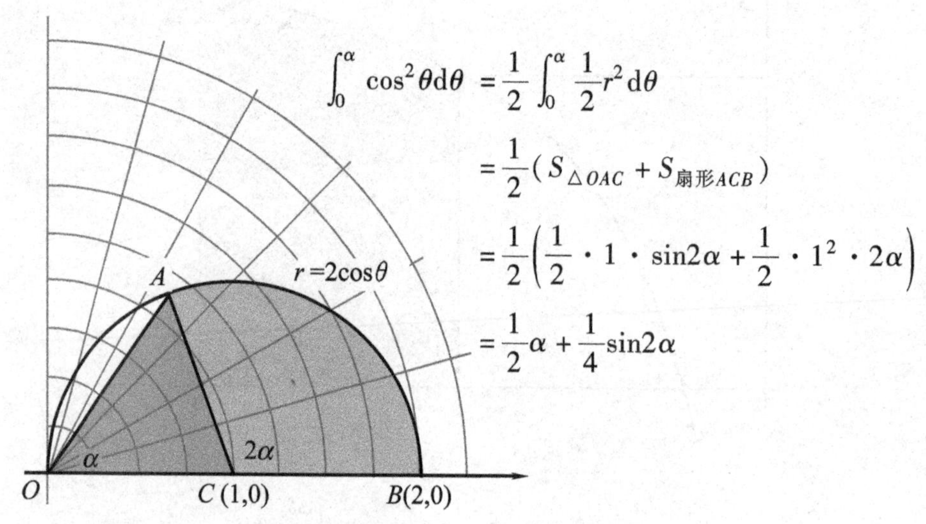

$\int_0^\alpha \cos^2\theta \mathrm{d}\theta = \frac{1}{2}\int_0^\alpha \frac{1}{2}r^2 \mathrm{d}\theta$
$= \frac{1}{2}(S_{\triangle OAC} + S_{扇形ACB})$
$= \frac{1}{2}\left(\frac{1}{2}\cdot 1\cdot \sin 2\alpha + \frac{1}{2}\cdot 1^2\cdot 2\alpha\right)$
$= \frac{1}{2}\alpha + \frac{1}{4}\sin 2\alpha$
A
$r=2\cos\theta$
2α
α
O
C (1,0)
B(2,0)

Ⅱ. $\int \sec^2\theta \mathrm{d}\theta = \tan\theta$

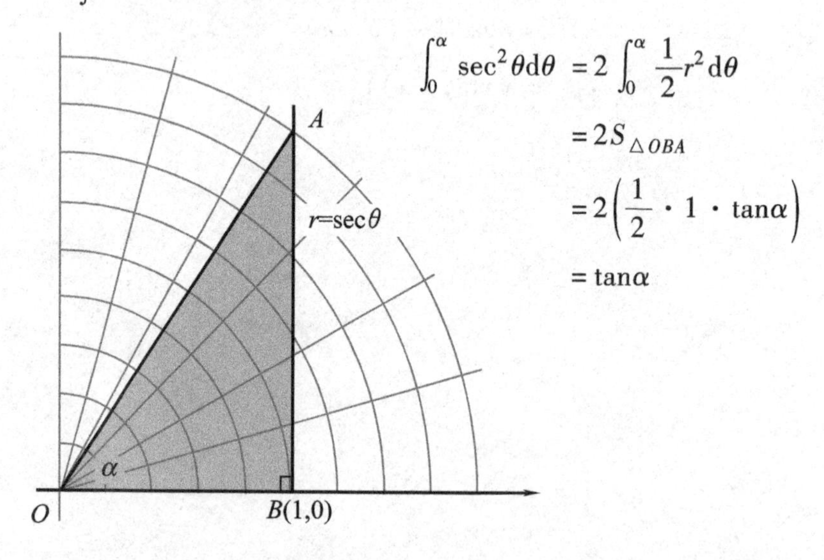

——尼克 · 洛德（Nick Lord）

一个部分分式分解

$$\frac{1}{n(n+1)}=\frac{1}{n}-\frac{1}{n+1}$$

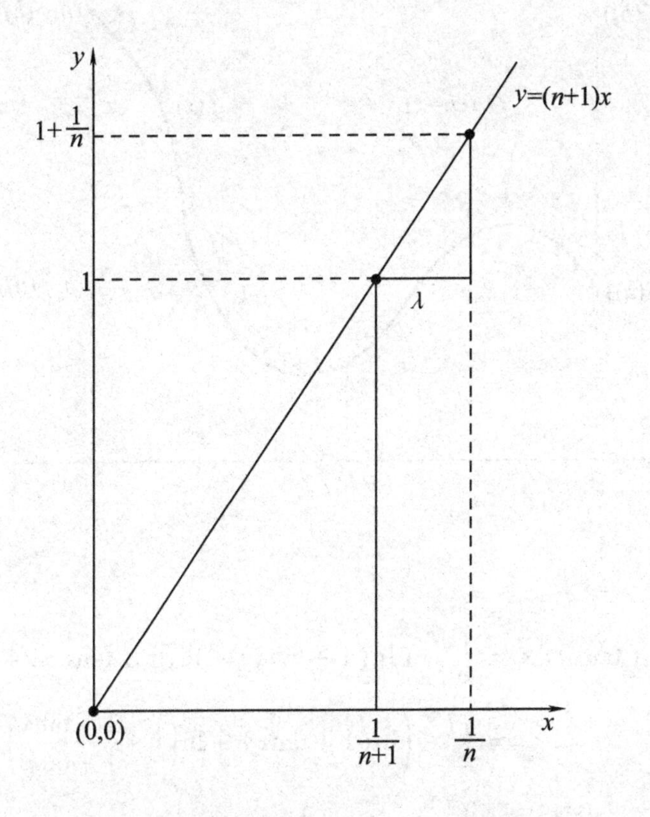

$$\lambda=\frac{1}{n}-\frac{1}{n+1},\ \frac{1/(n+1)}{1}=\frac{\lambda}{1/n}\Rightarrow\frac{1}{n}-\frac{1}{n+1}=\frac{1}{n}\cdot\frac{1}{n+1}.$$

——史蒂文 J. 切弗维特（Steven J. Kifowit）

积分变换

$$\int_a^b f(x)\,\mathrm{d}x = \int_a^b f(a+b-x)\,\mathrm{d}x = \int_a^{(a+b)/2} (f(x)+f(a+b-x))\,\mathrm{d}x$$

$$= \int_{(a+b)/2}^b (f(x)+f(a+b-x))\,\mathrm{d}x$$

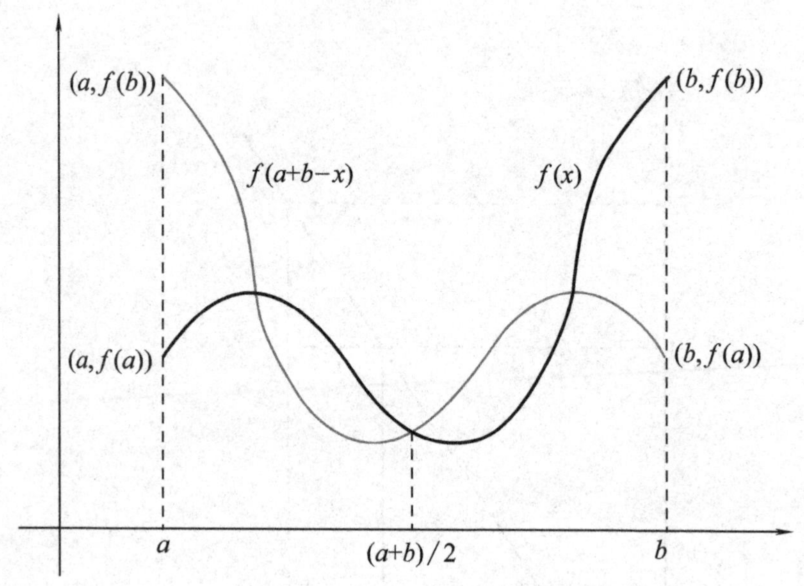

例子.

$$\int_0^{\pi/4} \ln(1+\tan x)\,\mathrm{d}x = \int_0^{\pi/8} (\ln(1+\tan x)+\ln(1+\tan(\pi/4-x)))\,\mathrm{d}x$$

$$= \int_0^{\pi/8} \left(\ln(1+\tan x)+\ln\left(1+\frac{1-\tan x}{1+\tan x}\right)\right)\mathrm{d}x$$

$$= \int_0^{\pi/8} \ln 2\,\mathrm{d}x = \frac{\pi}{8}\ln 2.$$

练习.

(a) $\int_0^{\pi/2} \frac{\mathrm{d}x}{1+\tan^\alpha x} = \frac{\pi}{4}$;　(b) $\int_{-1}^1 \arctan(\mathrm{e}^x)\,\mathrm{d}x = \frac{\pi}{2}$;

(c) $\int_0^4 \frac{\mathrm{d}x}{4+2^x} = \frac{1}{2}$;　(d) $\int_0^{2\pi} \frac{\mathrm{d}x}{1+\mathrm{e}^{\sin x}} = \pi$.

——西德尼 H. 昆 (Sidney H. Kung)

不　等　式

算术平均-几何平均不等式Ⅶ

$$a,b>0 \quad \Rightarrow \quad \frac{a+b}{2} \geqslant \sqrt{ab}$$

Ⅰ.

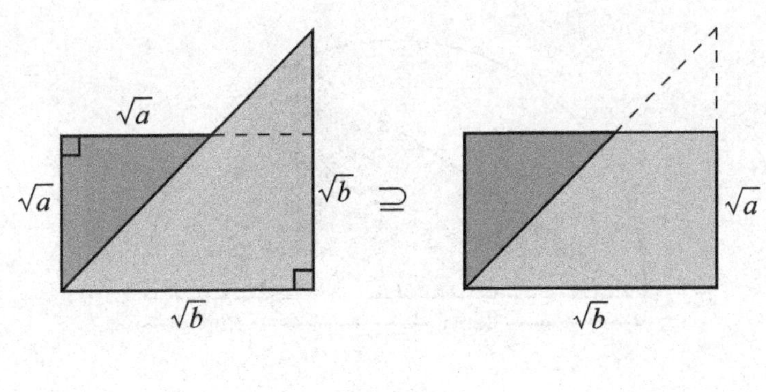

$$\frac{a}{2}+\frac{b}{2} \geqslant \sqrt{ab}.$$

——埃德温·贝肯巴克，理查德·贝尔曼
(Edwin Beckenbach & Richard Bellman)

Ⅱ.

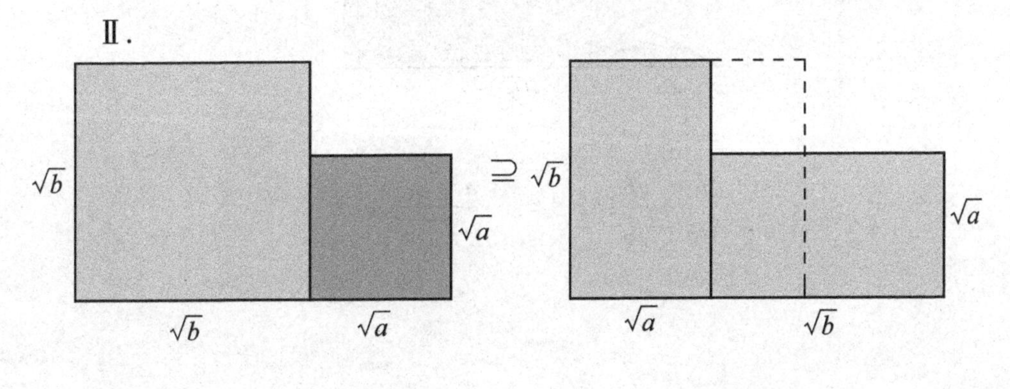

$$a+b \geqslant 2\sqrt{ab}.$$

——阿菲尼尔·弗洛雷斯 (Alfinio Flores)

算术平均-几何平均不等式Ⅷ(通过三角函数证明)

Ⅰ. $x \in (0, \pi/2) \quad \Rightarrow \quad \tan x + \cot x \geqslant 2.$

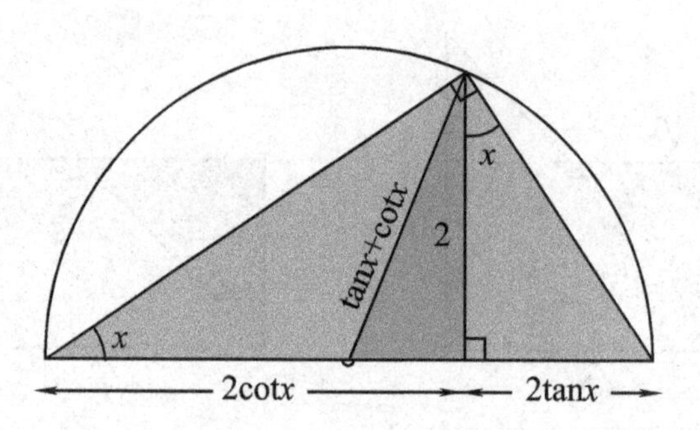

Ⅱ. $a, b > 0 \quad \Rightarrow \quad \dfrac{a+b}{2} \geqslant \sqrt{ab}.$

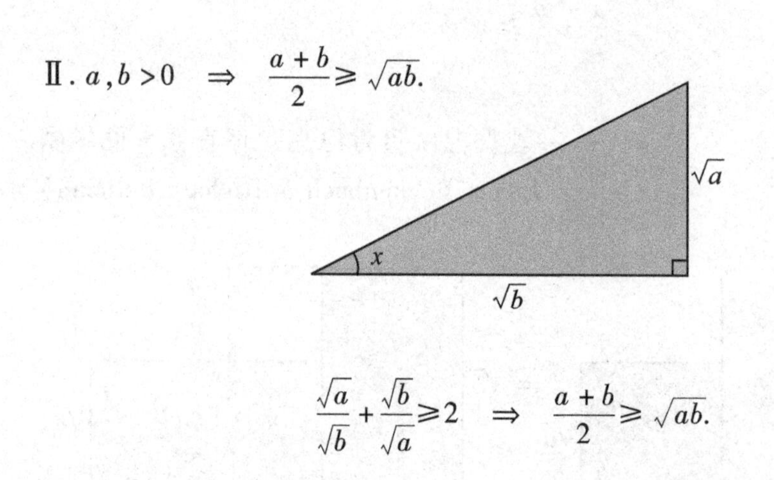

$$\frac{\sqrt{a}}{\sqrt{b}} + \frac{\sqrt{b}}{\sqrt{a}} \geqslant 2 \quad \Rightarrow \quad \frac{a+b}{2} \geqslant \sqrt{ab}.$$

——罗杰　B. 尼尔森(RBN)

算术平均-平方平均不等式

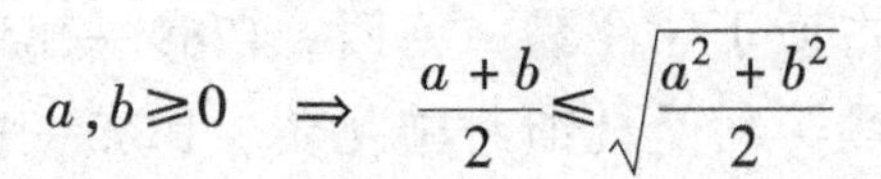

$$a,b\geqslant 0 \quad \Rightarrow \quad \frac{a+b}{2}\leqslant\sqrt{\frac{a^2+b^2}{2}}$$

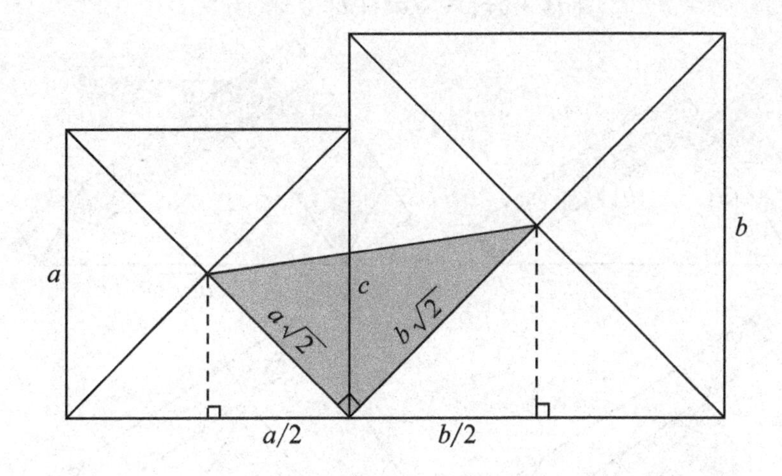

$$c^2=\left(\frac{a}{\sqrt{2}}\right)^2+\left(\frac{b}{\sqrt{2}}\right)^2=\frac{a^2}{2}+\frac{b^2}{2},$$

$$\frac{a}{2}+\frac{b}{2}\leqslant c \quad \Rightarrow \quad \frac{a+b}{2}\leqslant\sqrt{\frac{a^2+b^2}{2}}.$$

——胡安-博斯科 · 罗梅罗 · 马克斯（Juan-Bosco Romero Márquez）

柯西-施瓦茨不等式Ⅱ（用帕普斯定理*）

奥古斯丁·路易·柯西，1789—1857；
赫尔曼·阿曼杜斯·施瓦茨，1843—1921.

$$|ax+by|\leqslant\sqrt{a^2+b^2}\sqrt{x^2+y^2}$$

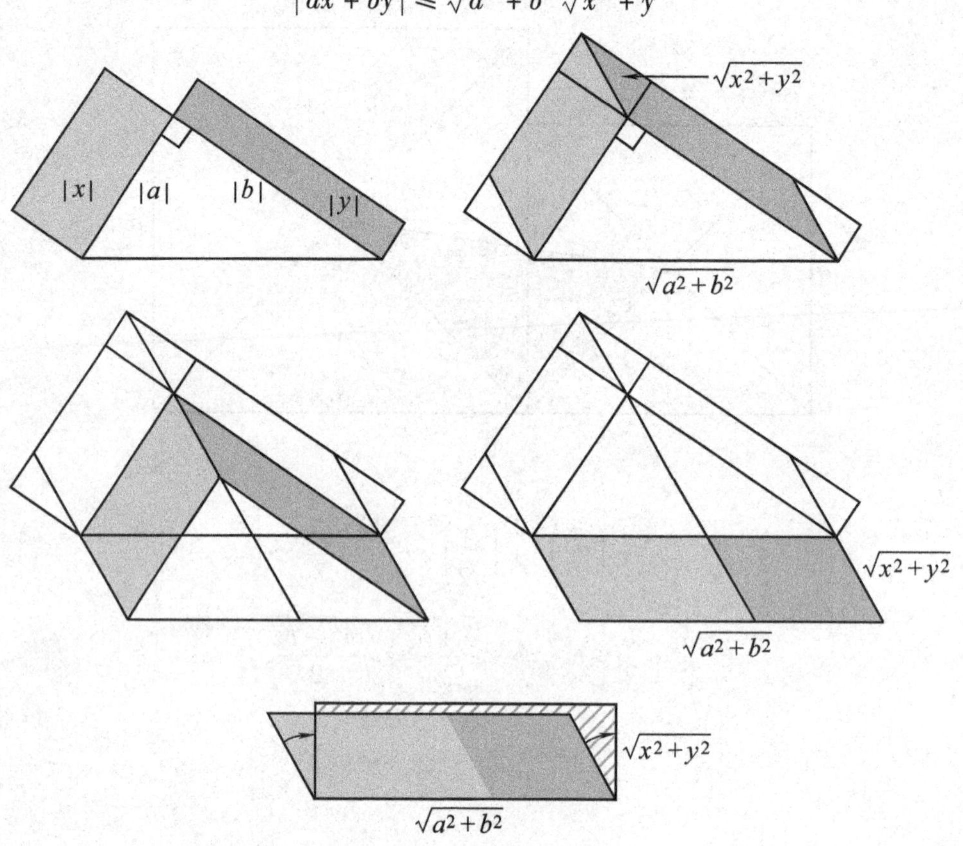

$$|ax+by|\leqslant|a||x|+|b||y|\leqslant\sqrt{a^2+b^2}\sqrt{x^2+y^2}.$$

* 见第7页.

——克劳迪·阿尔西纳（Claudi Alsina）

柯西-施瓦茨不等式Ⅲ

$$|ax+by| \leqslant \sqrt{a^2+b^2}\sqrt{x^2+y^2}$$

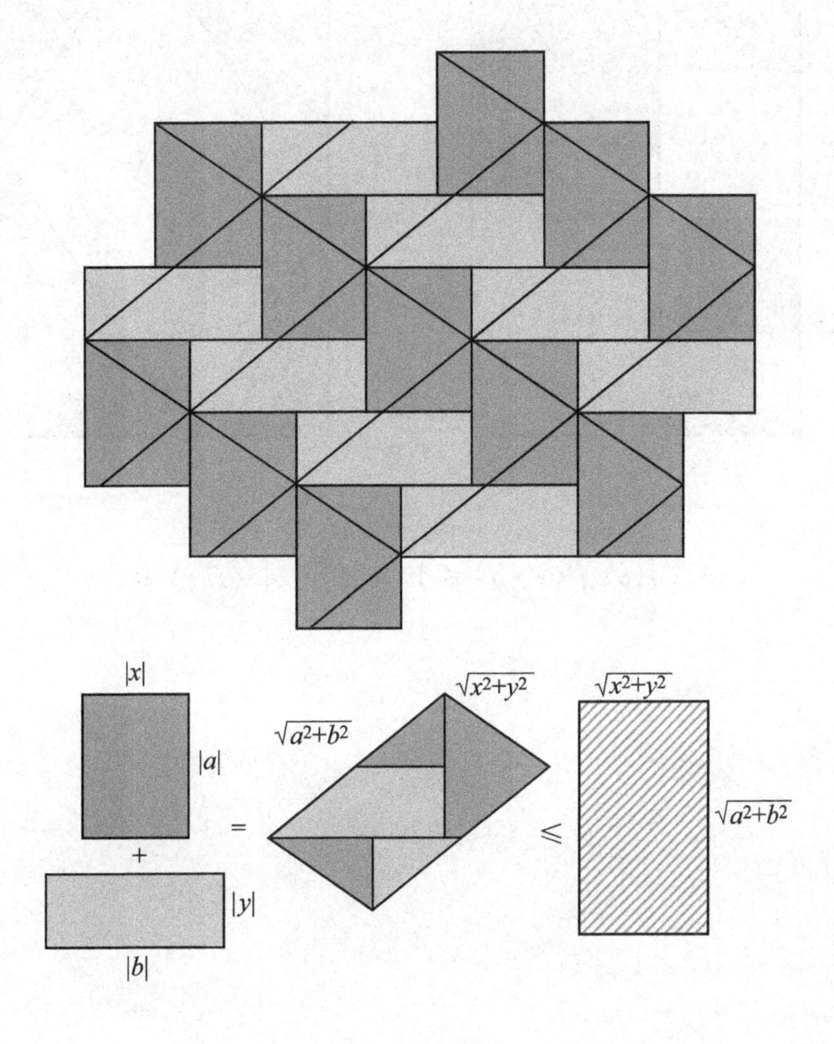

$$|ax+by| \leqslant |a||x|+|b||y| \leqslant \sqrt{a^2+b^2}\sqrt{x^2+y^2}.$$

——罗杰　B. 尼尔森（RBN）

柯西-施瓦茨不等式Ⅳ

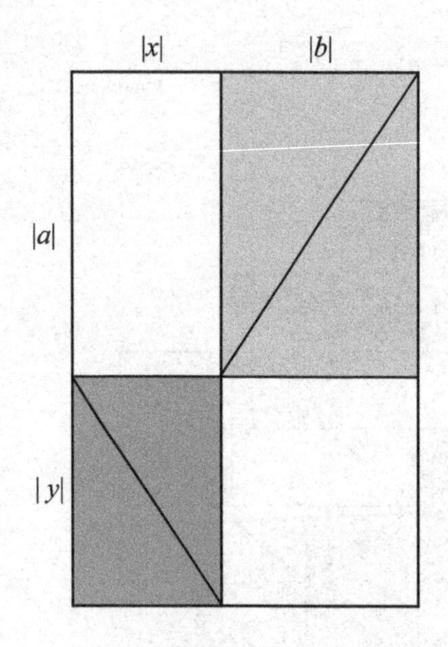

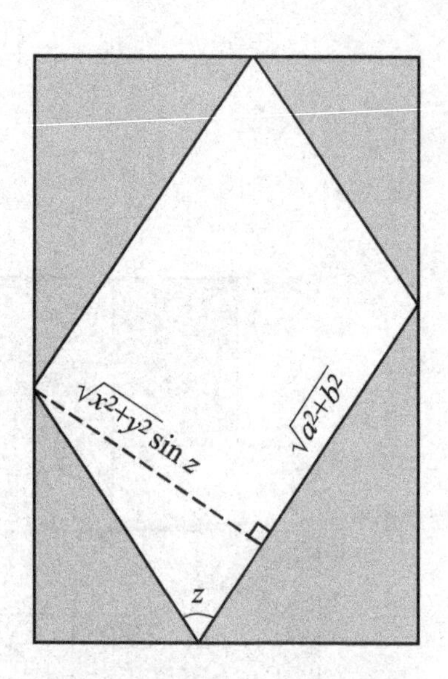

$$|a||x|+|b||y|=\sqrt{a^2+b^2}\sqrt{x^2+y^2}\sin z$$
$$\Rightarrow|\langle a,b\rangle\cdot\langle x,y\rangle|\leqslant\|\langle a,b\rangle\|\|\langle x,y\rangle\|.$$

——西德尼 H. 昆（Sidney H. Kung）

柯西-施瓦茨不等式V

$$|ax+by| \leqslant \sqrt{a^2+b^2}\sqrt{x^2+y^2}$$

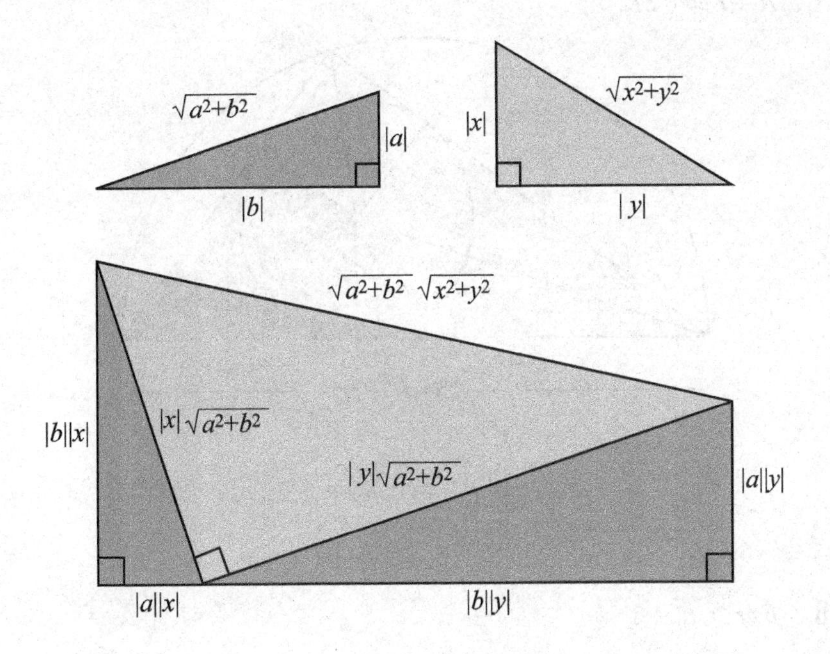

$$|ax+by| \leqslant |a||x|+|b||y| \leqslant \sqrt{a^2+b^2}\sqrt{x^2+y^2}.$$

——克劳迪·阿尔西纳，罗杰 B. 尼尔森（Claudi Alsina & RBN）

关于直角三角形各种半径的不等式

若 r、R、K 分别代表直角三角形内切圆半径、外接圆半径及三角形的面积，则

Ⅰ. $R+r\geqslant\sqrt{2K}$.

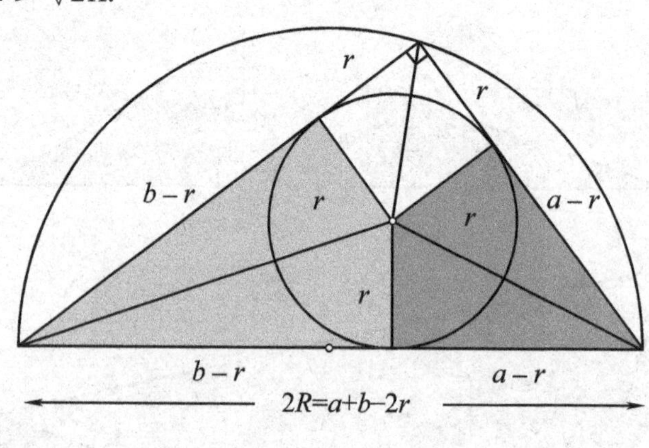

$$R+r=\frac{a+b}{2}\geqslant\sqrt{ab}=\sqrt{2K}.$$

Ⅱ. $R/r\geqslant\sqrt{2}+1$.

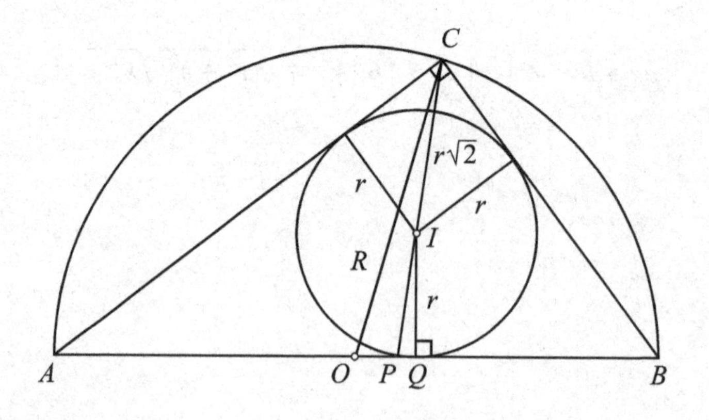

$$R=\overline{OC}\geqslant\overline{PC}\geqslant\overline{IC}+\overline{IQ}=r\sqrt{2}+r.$$

注：对于一般三角形，不等式分别变为 $R+r\geqslant\sqrt{K\sqrt{3}}$ 和 $R/r\geqslant 2$.

托勒密不等式

在一个边长顺次为 a、b、c、d 的凸四边形中，对角线长分别为 p 和 q，则有 $pq \leqslant ac+bd$.

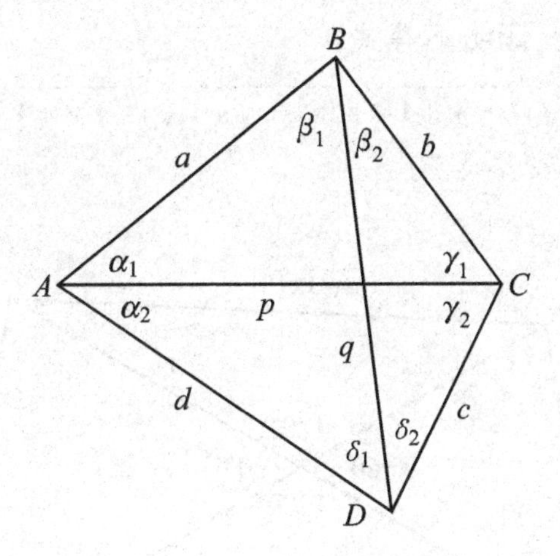

证明：

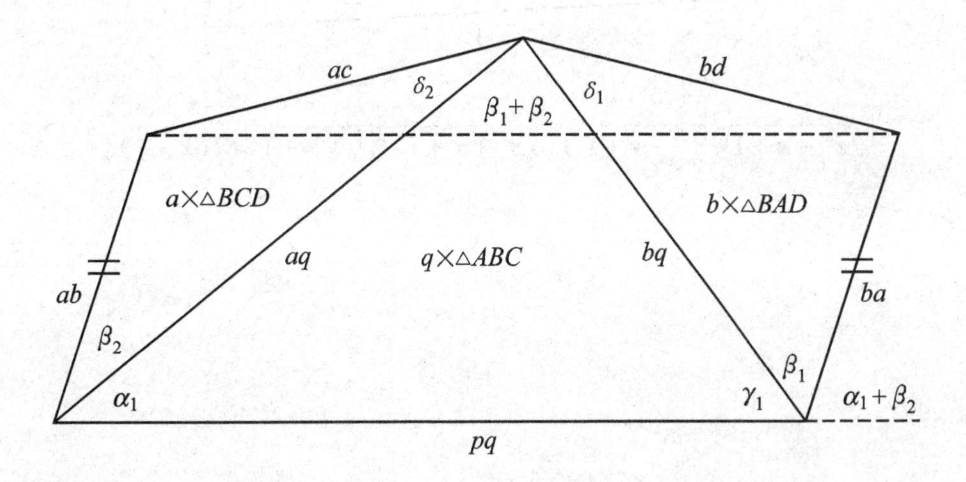

注：上图仅画出了 $\delta_2+\beta_1+\beta_2+\delta_1$ 比 π 小的情况，但在其他情况下表示 $ac+bd$ 的折线段都至少和平行四边形的底边一样长。如果四边形内接于圆，我们便得到了托勒密定理。见 P22 ~ 23。

——克劳迪 · 阿尔西纳，罗杰 B. 尼尔森（Claudi Alsina & RBN）

代数不等式 I

2010年哈萨克斯坦国家数学竞赛决赛，问题4.

对于 x，$y \geqslant 0$，证明不等式

$$\sqrt{x^2-x+1}\sqrt{y^2-y+1}+\sqrt{x^2+x+1}\sqrt{y^2+y+1} \geqslant 2(x+y).$$

证明：由托勒密不等式

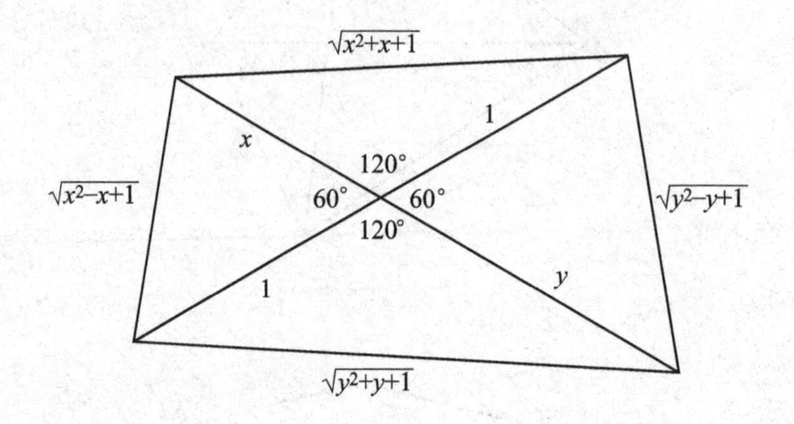

$$\sqrt{x^2-x+1}\sqrt{y^2-y+1}+\sqrt{x^2+x+1}\sqrt{y^2+y+1} \geqslant 2(x+y).$$

——马丢贝克·坎格辛，西德尼 H. 昆

(Madeubek Kungozhin & Sidney H. Kung)

代数不等式Ⅱ

1989 年列宁格勒数学竞赛 7 年级，第二轮问题 12.

设 $a \geqslant b \geqslant c \geqslant 0$，且 $a+b+c \leqslant 1$. 证明：$a^2+3b^2+5c^2 \leqslant 1$.

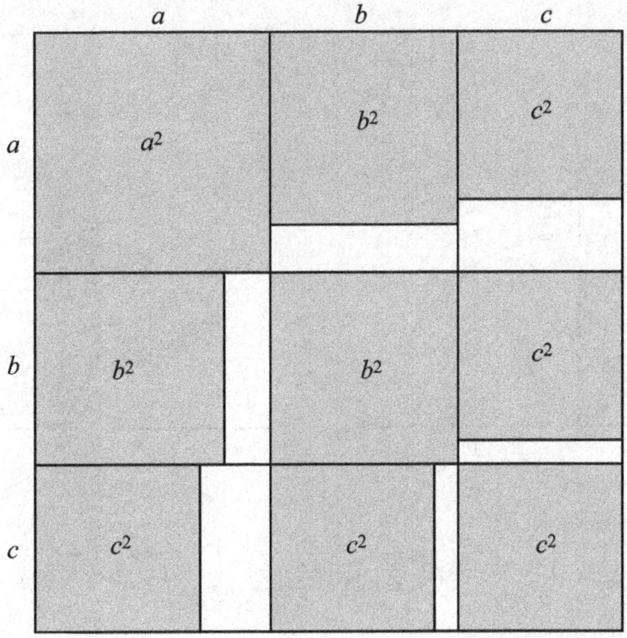

$$a^2+3b^2+5c^2 \leqslant (a+b+c)^2 \leqslant 1.$$

——姜卫东（Wei-Dong Jiang）

正弦在[0,π]上的次可加性

如果对 $k=1,2,\cdots,n$，都有 $x_k\geqslant 0$，且 $\sum_{k=1}^{n} x_k\leqslant\pi$，则

$$\sin\left(\sum_{k=1}^{n} x_k\right)\leqslant\sum_{k=1}^{n}\sin x_k.$$

证明：

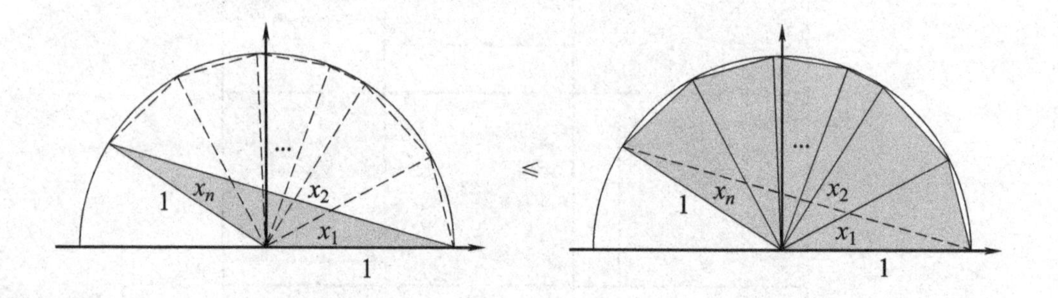

$$\frac{1}{2}\cdot 1\cdot 1\cdot\sin\left(\sum_{k=1}^{n} x_k\right)\leqslant\sum_{k=1}^{n}\frac{1}{2}\cdot 1\cdot 1\cdot\sin x_k$$

——范兴亚 (Xingya Fan)

正切在[0,π/2)上的超可加性

如果对 $k=1,2,\cdots,n$，都有 $x_k \geqslant 0$，且 $\sum_{k=1}^{n} x_k < \pi/2$，则

$$\tan\left(\sum_{k=1}^{n} x_k\right) \geqslant \sum_{k=1}^{n} \tan x_k.$$

证明：

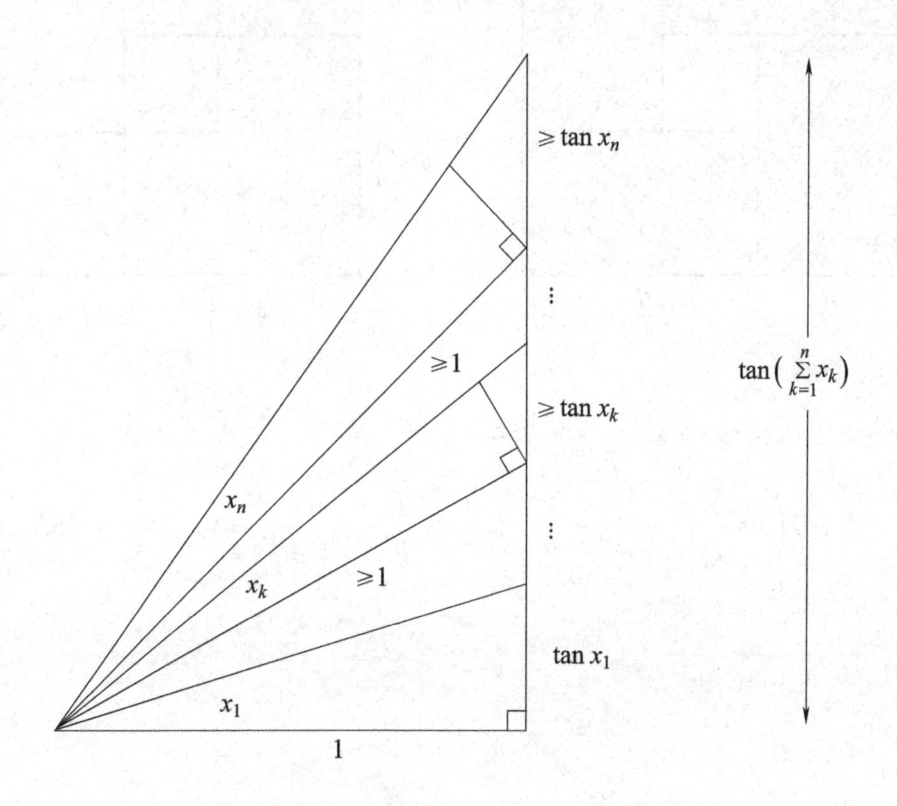

——罗布 · 普拉特（Rob Pratt）

和为1的两个数的不等式

$$p,\ q>0,\ p+q=1 \quad\Rightarrow\quad \frac{1}{p}+\frac{1}{q}\geqslant 4 \text{ 且 } \left(p+\frac{1}{p}\right)^2+\left(q+\frac{1}{q}\right)^2\geqslant\frac{25}{2}$$

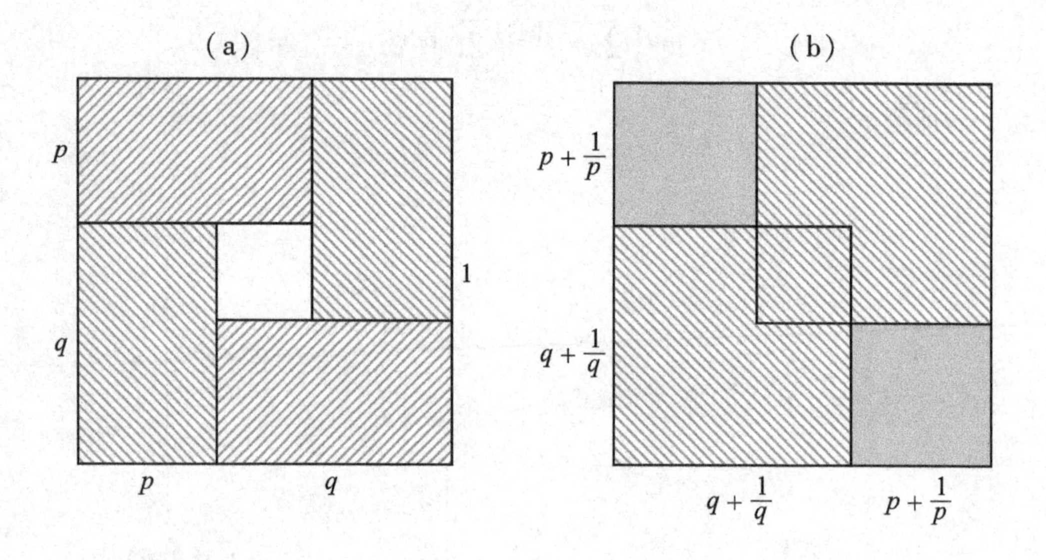

(a) $1\geqslant 4pq \quad\Rightarrow\quad \frac{1}{p}+\frac{1}{q}\geqslant 4.$

(b) $2\left(p+\frac{1}{p}\right)^2+2\left(q+\frac{1}{q}\right)^2\geqslant\left(p+\frac{1}{p}+q+\frac{1}{q}\right)^2\geqslant(1+4)^2=25.$

——克劳迪·阿尔西纳，罗杰 B. 尼尔森（Claudi Alsina & RBN）

帕多阿不等式

（亚历山德罗·帕多阿，1868—1937）

如果 a、b、c 是三角形的三边，则

$$abc \geqslant (a+b-c)(b+c-a)(c+a-b).$$

1.

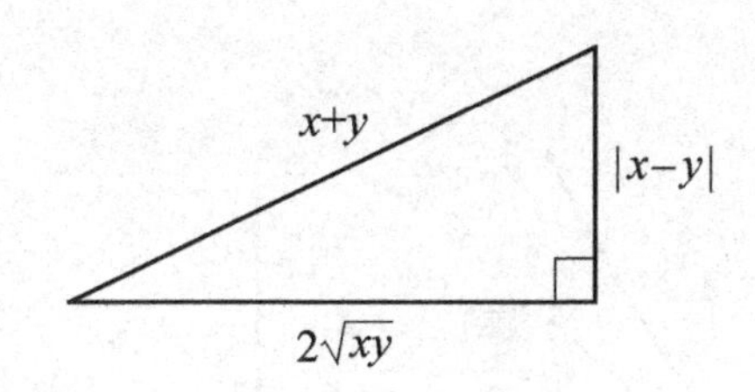

$$x+y \geqslant 2\sqrt{xy}.$$

2.

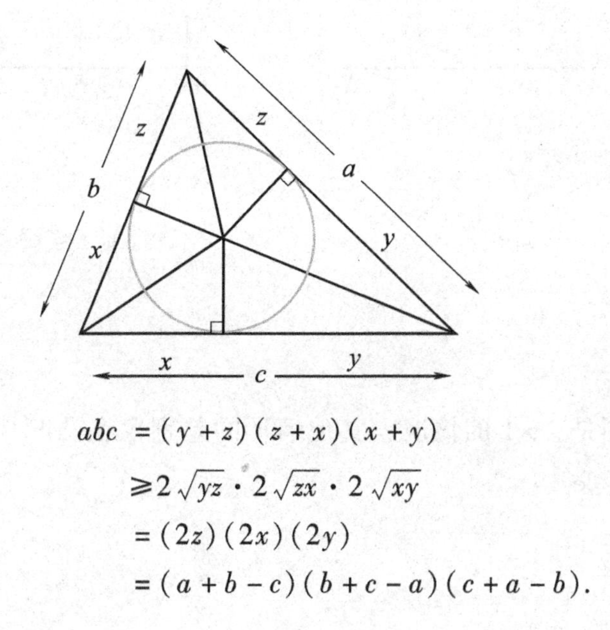

$$\begin{aligned} abc &= (y+z)(z+x)(x+y) \\ &\geqslant 2\sqrt{yz} \cdot 2\sqrt{zx} \cdot 2\sqrt{xy} \\ &= (2z)(2x)(2y) \\ &= (a+b-c)(b+c-a)(c+a-b). \end{aligned}$$

——罗杰　B. 尼尔森（RBN）

与 e 有关的斯坦纳问题

(雅各布·斯坦纳, 1796—1863)

对于哪个正数 x, x 的 x 次方根最大?

解: $x>0 \quad \Rightarrow \quad \sqrt[x]{x} \leqslant \sqrt[e]{e}$

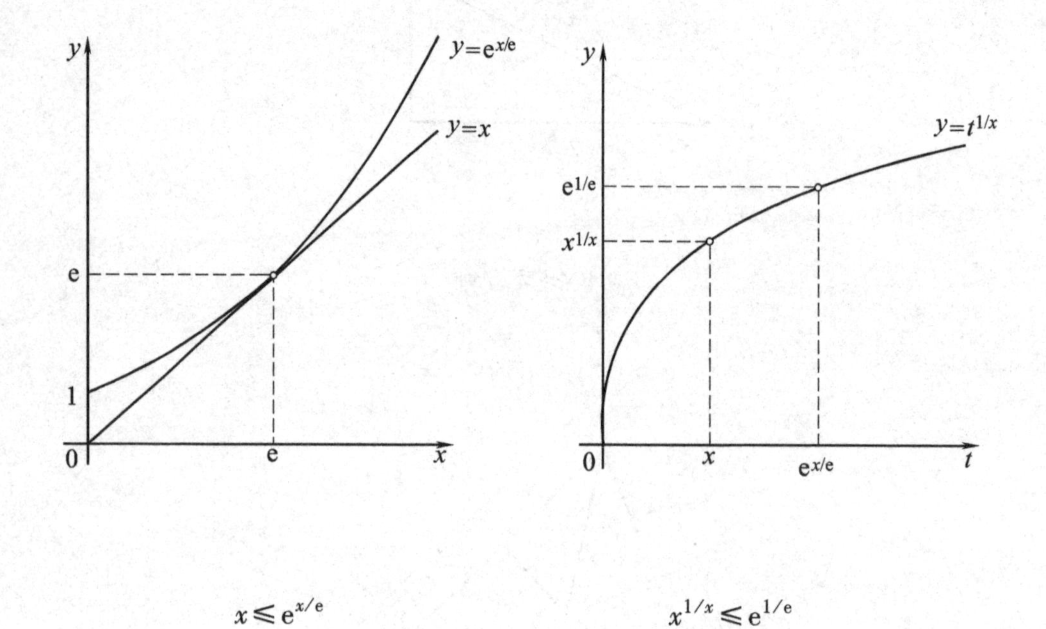

$x \leqslant e^{x/e}$ $\qquad$ $x^{1/x} \leqslant e^{1/e}$

[右图是 $x>1$ 的情况; 其他情形的差别仅在凸凹性上.]

推论: $e^{\pi}>\pi^{e}$.

——罗杰 B. 尼尔森 (RBN)

辛普森悖论

（爱德华·休·辛普森，1922—）

1. 某候选人在每个城镇中的女性支持率都高于男性支持率，但整体统计结果男性支持率更高.

2. X 治疗方案在每所医院中疗效都比 Y 方案更成功，但整体疗效 Y 方案却比 X 更好.

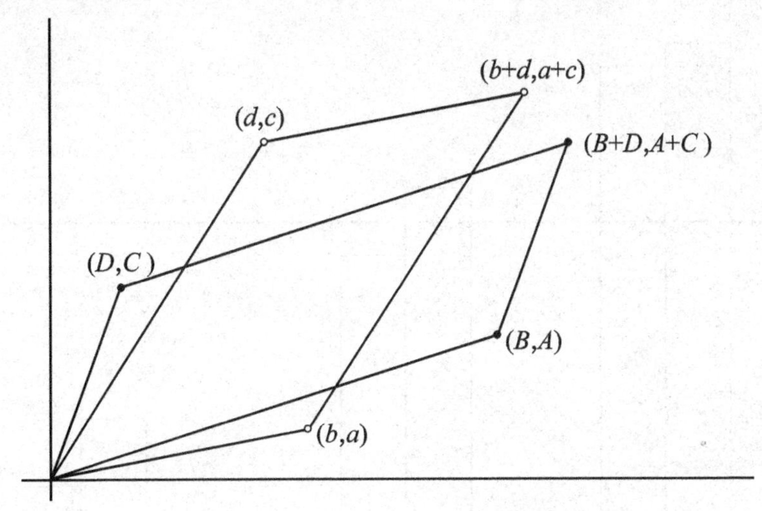

$$\frac{a}{b}<\frac{A}{B} \text{ 且 } \frac{c}{d}<\frac{C}{D}\text{，但}\frac{a+c}{b+d}>\frac{A+C}{C+D}.$$

1. 在小镇 1 中，B 是女性的数量
b 是男性的数量
A 是支持候选人的女性数量
a 是支持候选人的男性数量

在小镇 2 中，D、d、C、c 的意义类似.

2. 在医院 1 中，B 是用 X 方案治疗的人数，A 是用 X 方案治愈的人数.
b 是用 Y 方案治疗的人数，a 是用 Y 方案治愈的人数.

在医院 2 中，D、d、C、c 的意义类似.

——杰吉·科斯克（Jerzy Kocik）

马尔可夫不等式

(安德烈·安德烈耶维奇·马尔可夫不等式)

$$P[X \geqslant a] \leqslant \frac{E(X)}{a}$$

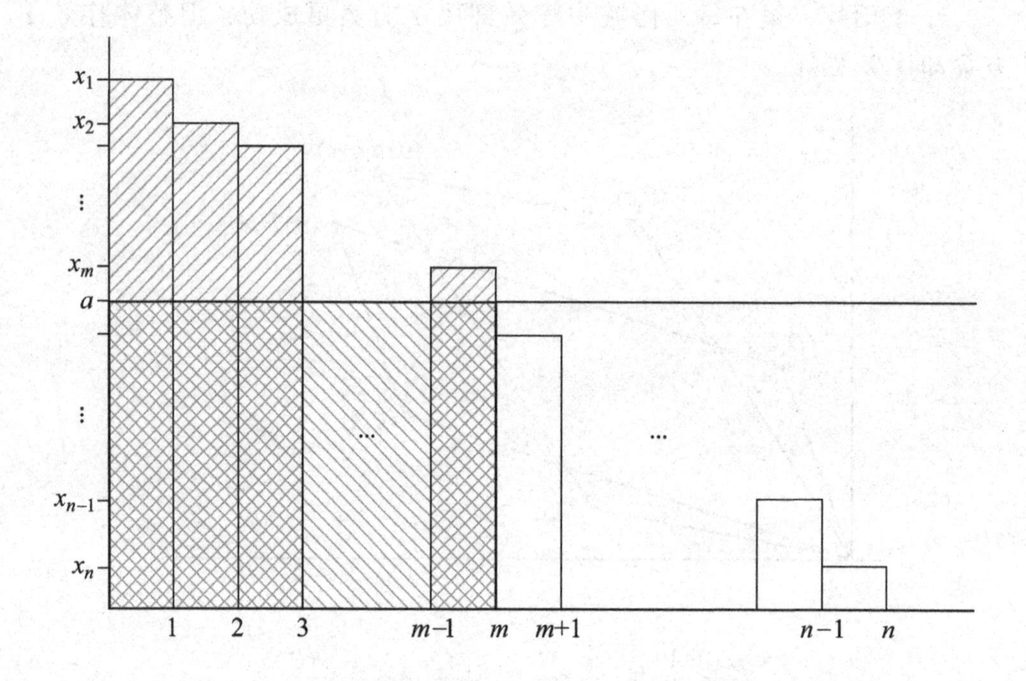

$$x_m \geqslant a \Rightarrow ma \leqslant \sum_{i=1}^{n} x_i \Rightarrow \frac{m}{n} \leqslant \frac{1}{a}\left(\frac{\sum_{i=1}^{n} x_i}{n}\right),$$

$$\therefore P[X \geqslant a] \leqslant \frac{E(X)}{a}.$$

——帕特·图伊 (Pat Touhey)

整数与整数求和

奇数和Ⅳ

$$1+3+5+\cdots+(2n-1)=n^2$$

奇数和V

$$1+3+5+\cdots+(2n-1)=n^2$$

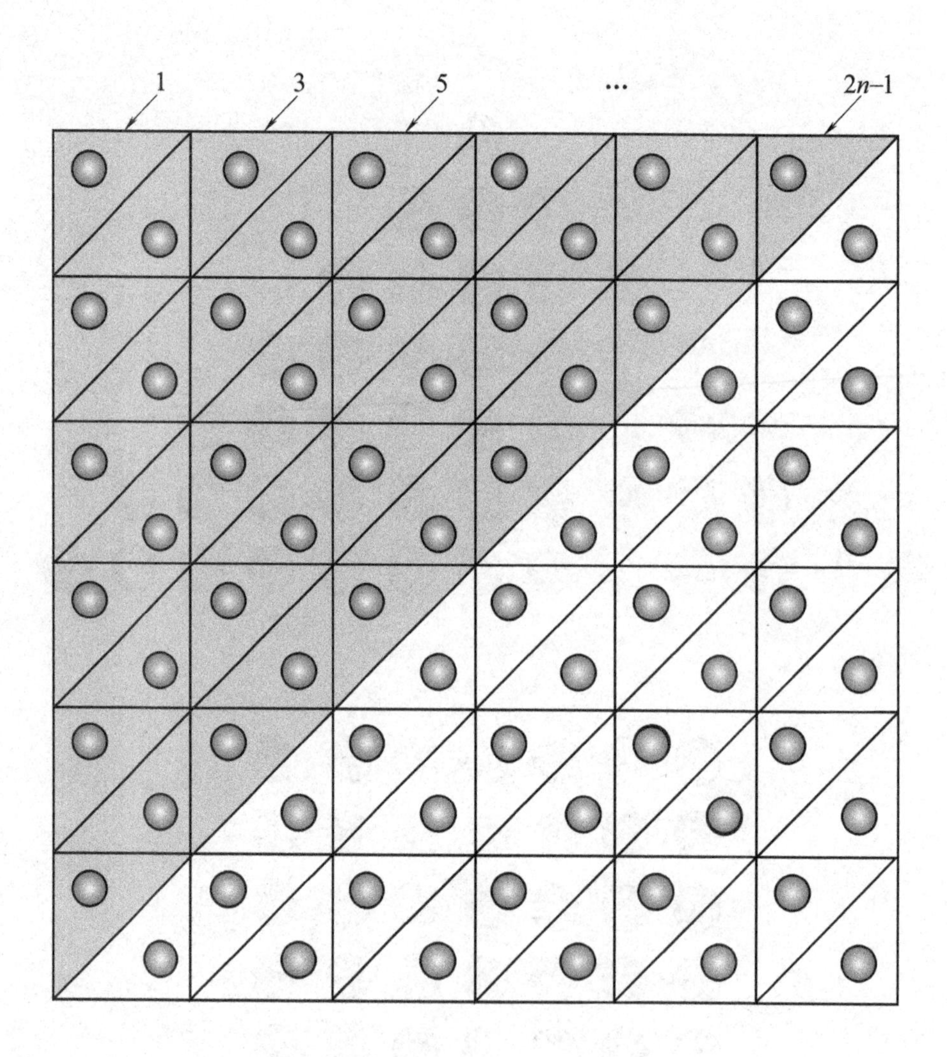

$$2[1+3+5+\cdots+(2n-1)]=2n^2.$$

——蒂莫泰·杜瓦尔（Timothée Duval）

奇数的交错和

$$\sum_{k=1}^{n}(2k-1)(-1)^{n-k}=n$$

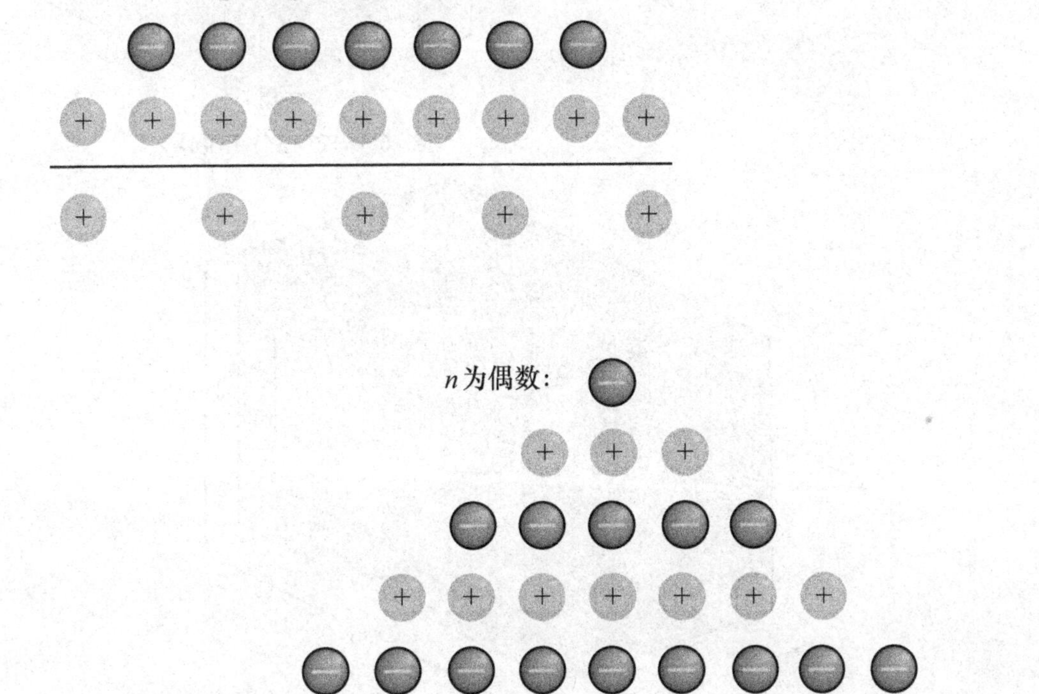

——阿瑟 T. 本杰明（Arthur T. Benjamin）

平方和X

$$1^2+2^2+\cdots+n^2=\frac{1}{6}n(n+1)(2n+1)$$

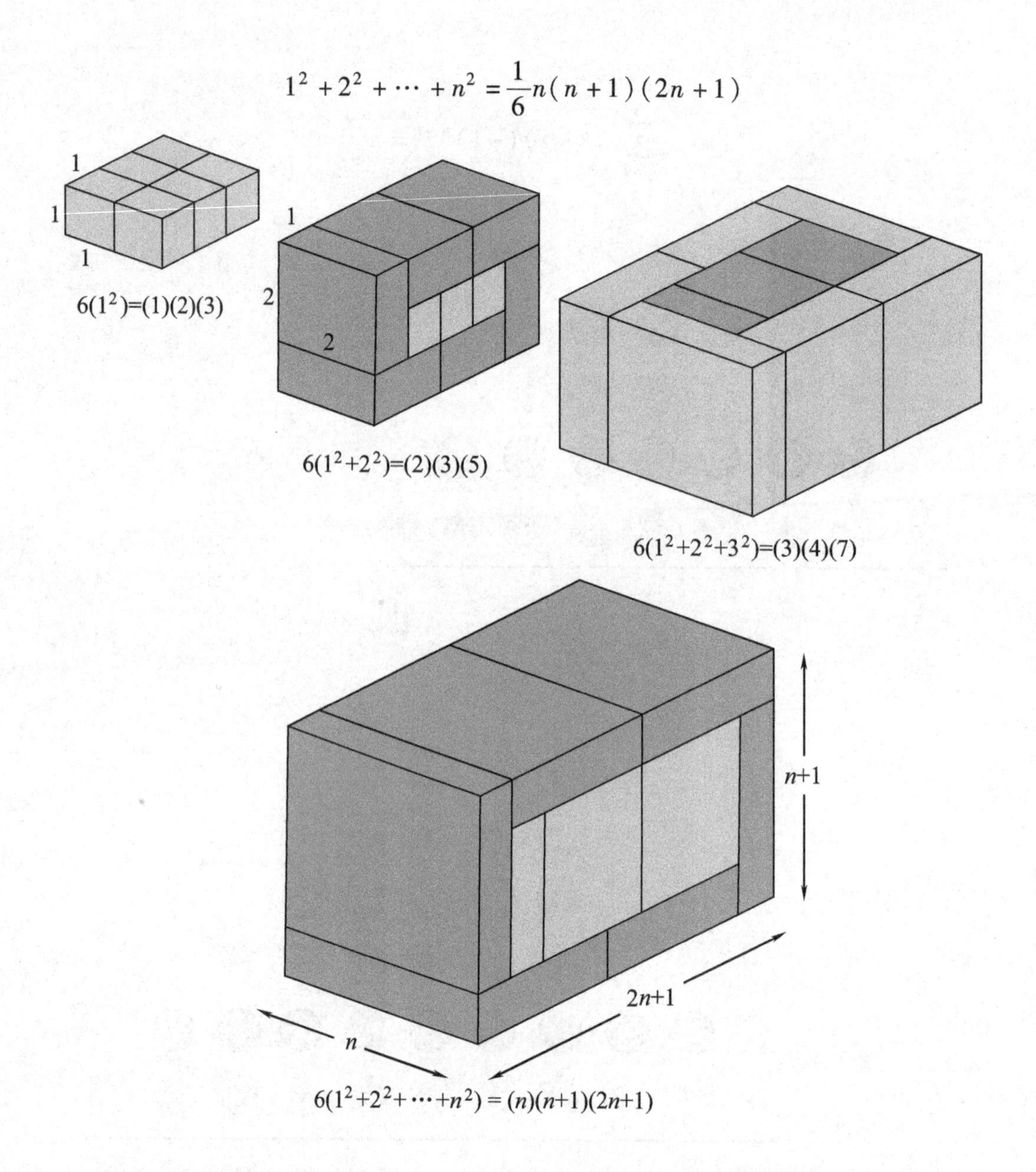

$6(1^2)=(1)(2)(3)$

$6(1^2+2^2)=(2)(3)(5)$

$6(1^2+2^2+3^2)=(3)(4)(7)$

$6(1^2+2^2+\cdots+n^2)=(n)(n+1)(2n+1)$

注：对于立方数求和公式，有一个四维图示，可参考萨绍·卡莱季耶夫斯基的文章，一些直观的求和公式，数学情报 22（2000），P47-49.

——萨绍·卡莱季耶夫斯基（Sasho Kalajdzievski）

平方和XI

$$\sum_{k=1}^{n} k^2 = \sum_{i=1}^{n}\sum_{j=1}^{n}\min(i,\ j)$$

$$\sum_{k=1}^{n} k^2$$

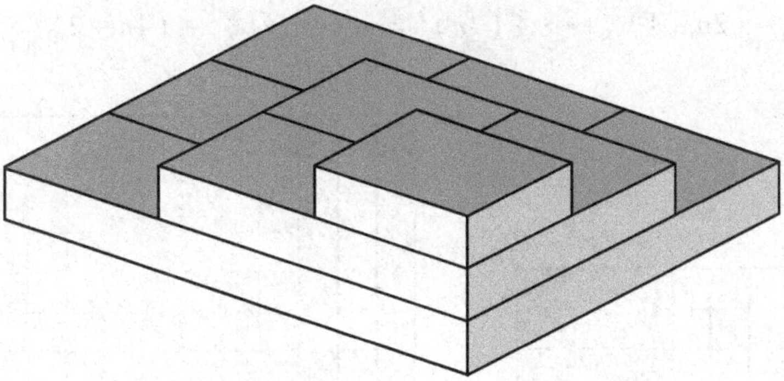

$$\sum_{i=1}^{n}\sum_{j=1}^{n}\min(i,\ j)$$

——亚伯拉罕·阿卡维，阿菲尼尔·弗洛雷斯(Abraham Arcavi & Alfinio Flores)

连续平方数的交错和

$$2^2-3^2+4^2=-5^2+6^2$$
$$4^2-5^2+6^2-7^2+8^2=-9^2+10^2-11^2+12^2$$
$$6^2-7^2+8^2-9^2+10^2-11^2+12^2=-13^2+14^2-15^2+16^2-17^2+18^2$$
$$\vdots$$
$$(2n)^2-(2n+1)^2+\cdots+(4n)^2=-(4n+1)^2+(4n+2)^2-\cdots+(6n)^2$$

以 $n=2$ 为例：

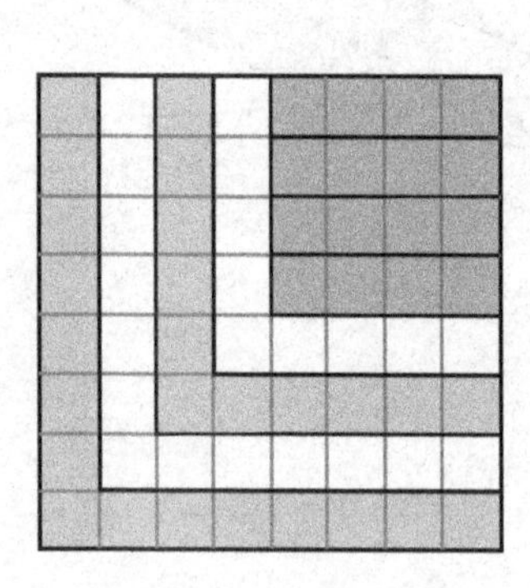

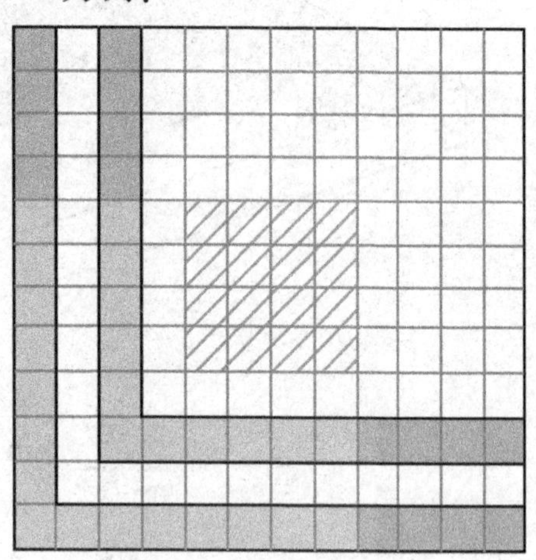

$$8^2-7^2+6^2-5^2+4^2 \quad = \quad 12^2-11^2+10^2-9^2.$$

练习：证明

$$3^2=-4^2+5^2$$
$$5^2-6^2+7^2=-8^2+9^2-10^2+11^2$$
$$7^2-8^2+9^2-10^2+11^2=-12^2+13^2-14^2+15^2-16^2+17^2$$
$$\vdots$$
$$(2n+1)^2-(2n+2)^2+\cdots+(4n-1)^2=-(4n)^2+(4n+1)^2-\cdots+(6n-1)^2$$

——罗杰　B. 尼尔森（RBN）

奇数平方的交错和

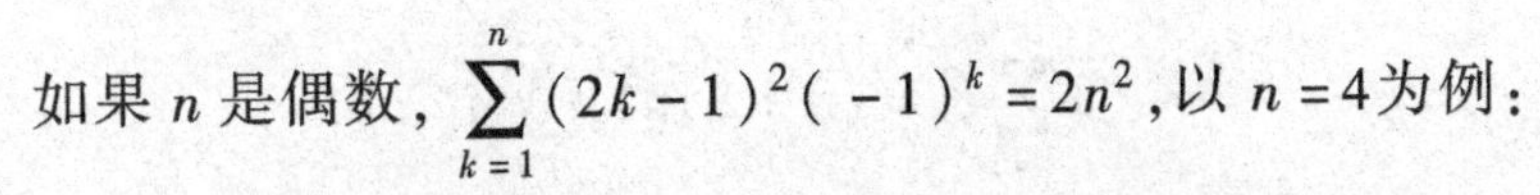

如果 n 是偶数，$\sum_{k=1}^{n}(2k-1)^2(-1)^k=2n^2$，以 $n=4$ 为例：

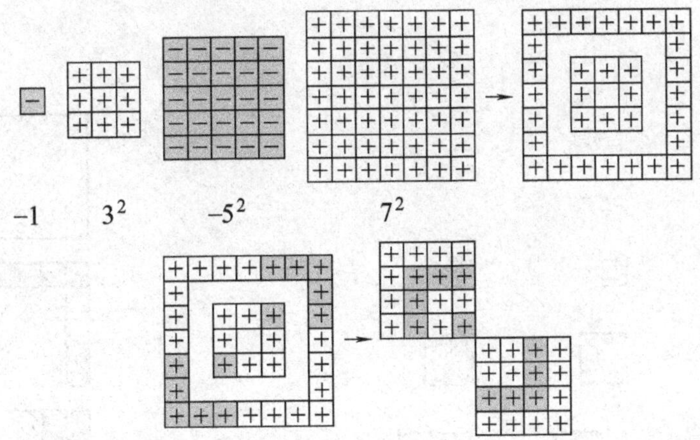

如果 n 是奇数，$\sum_{k=1}^{n}(2k-1)^2(-1)^{k-1}=2n^2-1$，以 $n=5$ 为例：

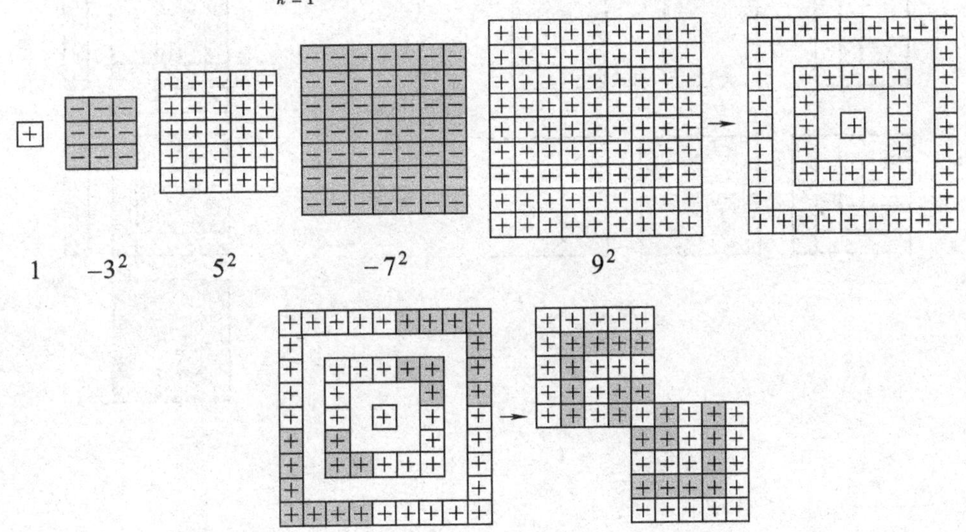

——安赫尔 · 普拉萨（Ángel Plaza）

阿基米德平方和公式

$$3\sum_{i=1}^{n} i^2 = (n+1)n^2 + \sum_{i=1}^{n} i$$

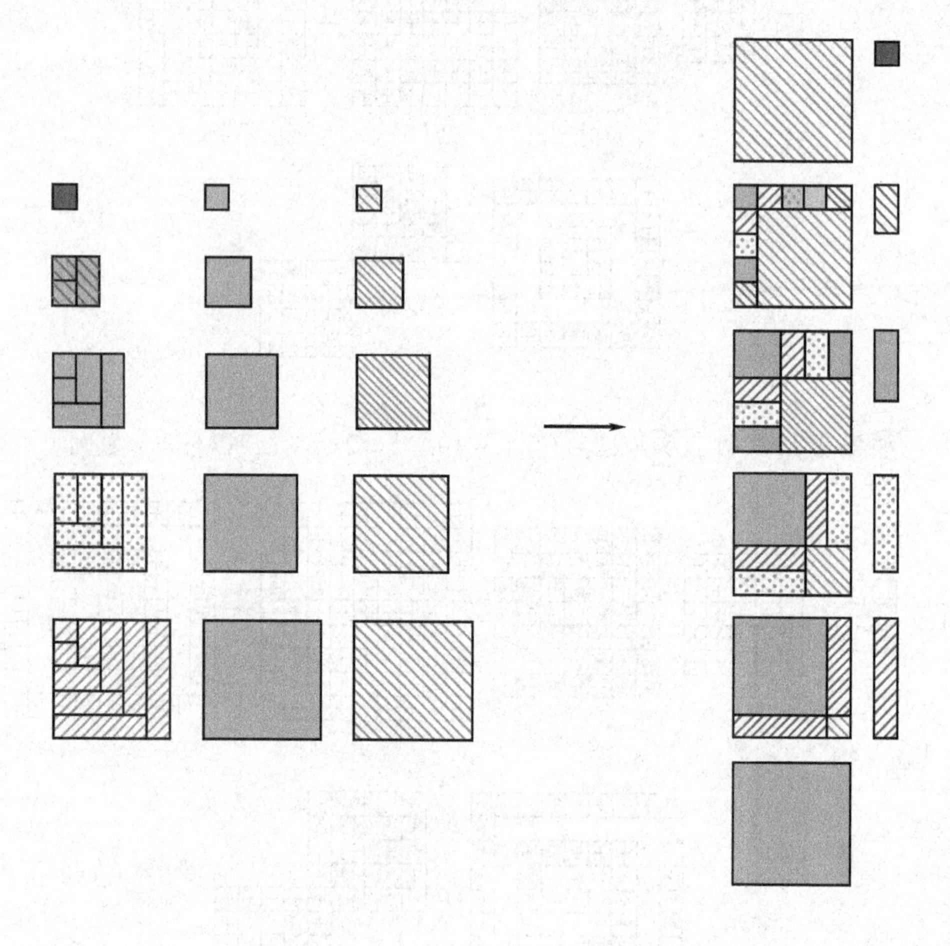

——凯瑟琳·堪尼姆(Katherine Kanim)

通过数三角形计算平方和

$$(a+b+c)^2+(a+b-c)^2+(a-b+c)^2+(-a+b+c)^2=4(a^2+b^2+c^2)$$

使用容斥原理证明，其中每个△和▽都等于1，以（a，b，c）=（5，6，7）为例：

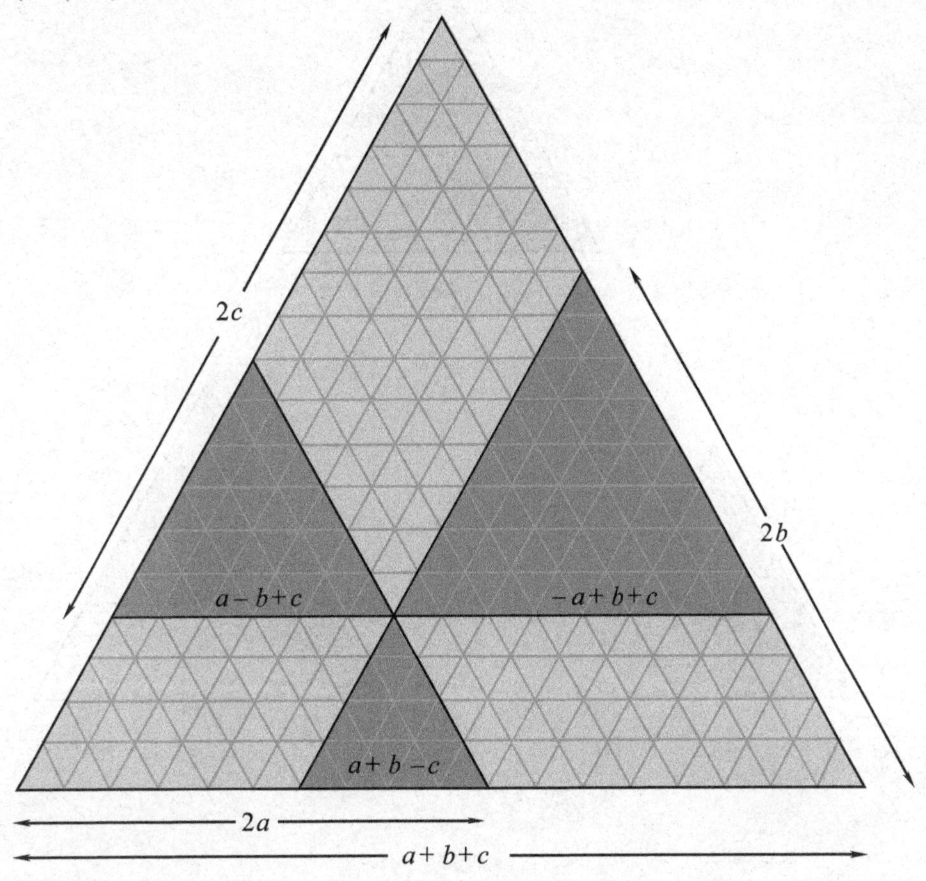

$$(a+b+c)^2=(2a)^2+(2b)^2+(2c)^2-(a+b-c)^2-(a-b+c)^2-(-a+b+c)^2.$$

——罗杰　B. 尼尔森（RBN）

平方数模 3

$$n^2=1+3+5+\cdots+(2n-1)\Rightarrow\quad n^2\equiv\begin{cases}0(\bmod 3), & n\equiv 0\ (\bmod 3)\\ 1(\bmod 3), & n\equiv \pm 1\ (\bmod 3)\end{cases}$$

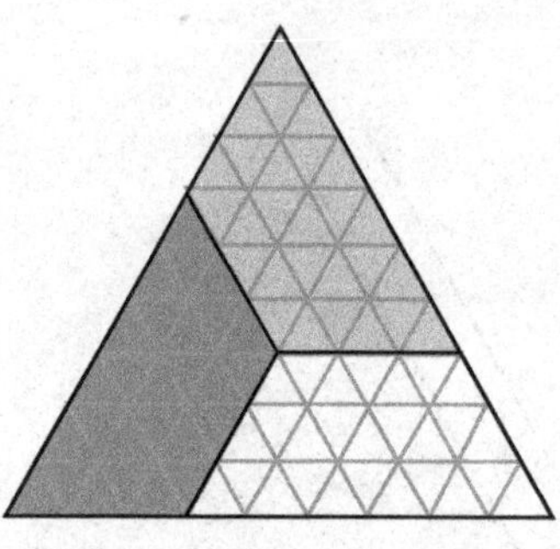

$(3k)^2=3[(2k)^2-k^2]$

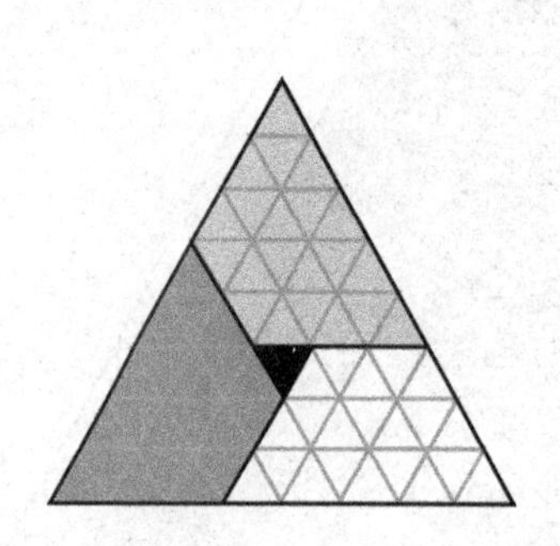

$(3k-1)^2=1+3[(2k-1)^2-(k-1)^2]$

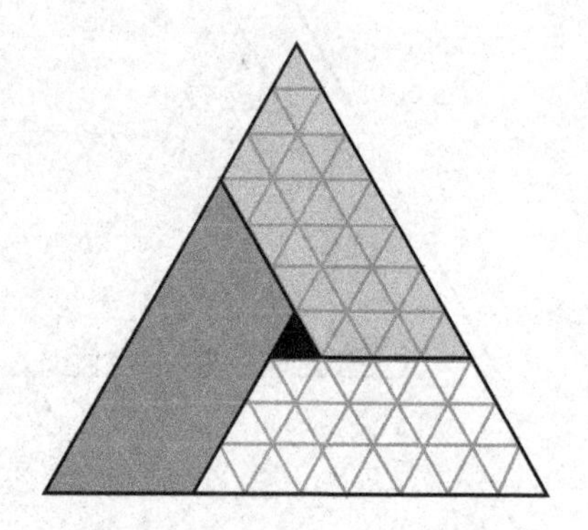

$(3k+1)^2=1+3[(2k+1)^2-(k+1)^2]$

——罗杰　B. 尼尔森（RBN）

二阶阶乘的和

$$1 \cdot 2 + 2 \cdot 3 + 3 \cdot 4 + \cdots + n(n+1) = \frac{n(n+1)(n+2)}{3}$$

1.

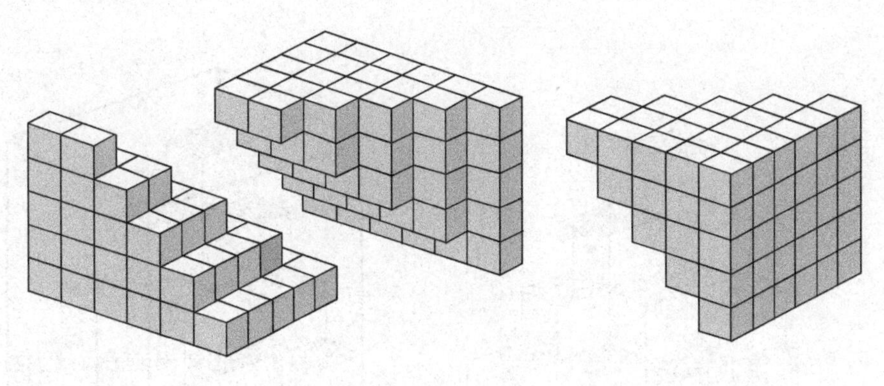

$3 \cdot [1 \cdot 2 + 2 \cdot 3 + 3 \cdot 4 + \cdots + n(n+1)]$.

2.

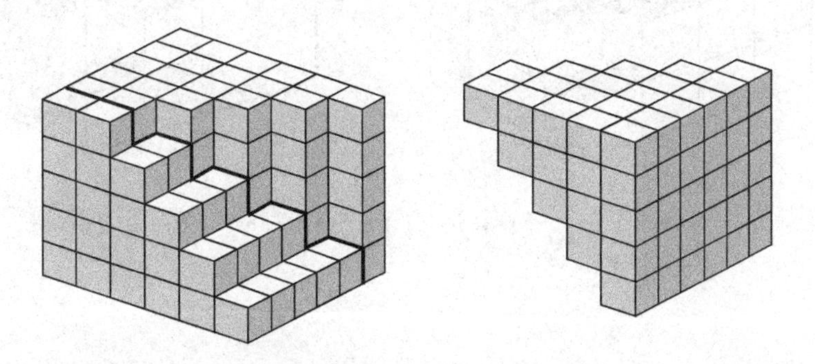

3.

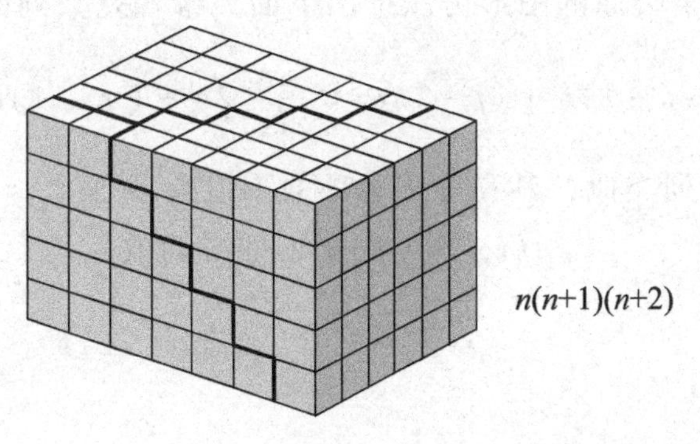

$n(n+1)(n+2)$

——乔治·哥尔多尼（Giorgio Goldoni）

把立方数表示为二重求和

$$\sum_{i=1}^{n}\sum_{j=1}^{n}(i+j-1)=n^3$$

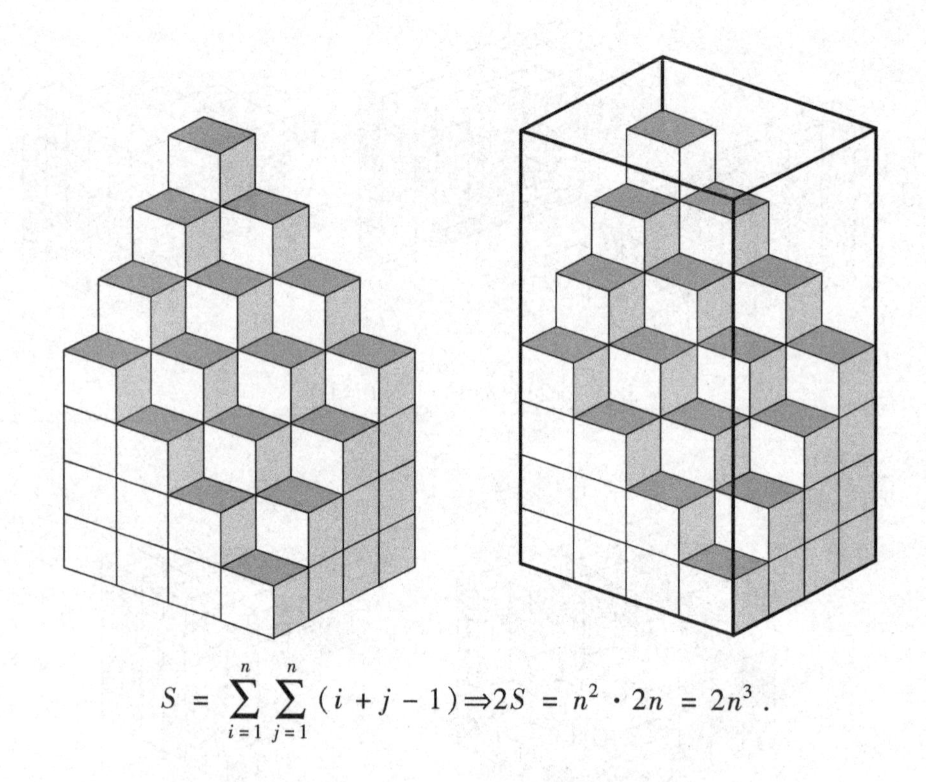

$$S=\sum_{i=1}^{n}\sum_{j=1}^{n}(i+j-1)\Rightarrow 2S=n^2\cdot 2n=2n^3.$$

注：一个类似的图形可以推出下面二维等差数列的求和结果

$$\sum_{i=1}^{n}\sum_{j=1}^{n}[a+(i-1)b+(j-1)c]=\frac{mn}{2}[2a+(m-1)b+(n-1)c].$$

和一维等差数列类似，其和等于总项数乘以首项 $[(i,j)=(1,1)]$ 的末项 $[(i,j)=(m,n)]$ 的平均数.

——罗杰 B. 尼尔森（RBN）

把立方体数表示为等差数列的和

$$1=1$$

$$8=3+5$$

$$27=6+9+12$$

$$64=10+14+18+22$$

$$\vdots$$

$$t_n=1+2+\cdots+n \Rightarrow n^3=t_n+(t_n+n)+(t_n+2n)+\cdots+(t_n+(n-1)n)$$

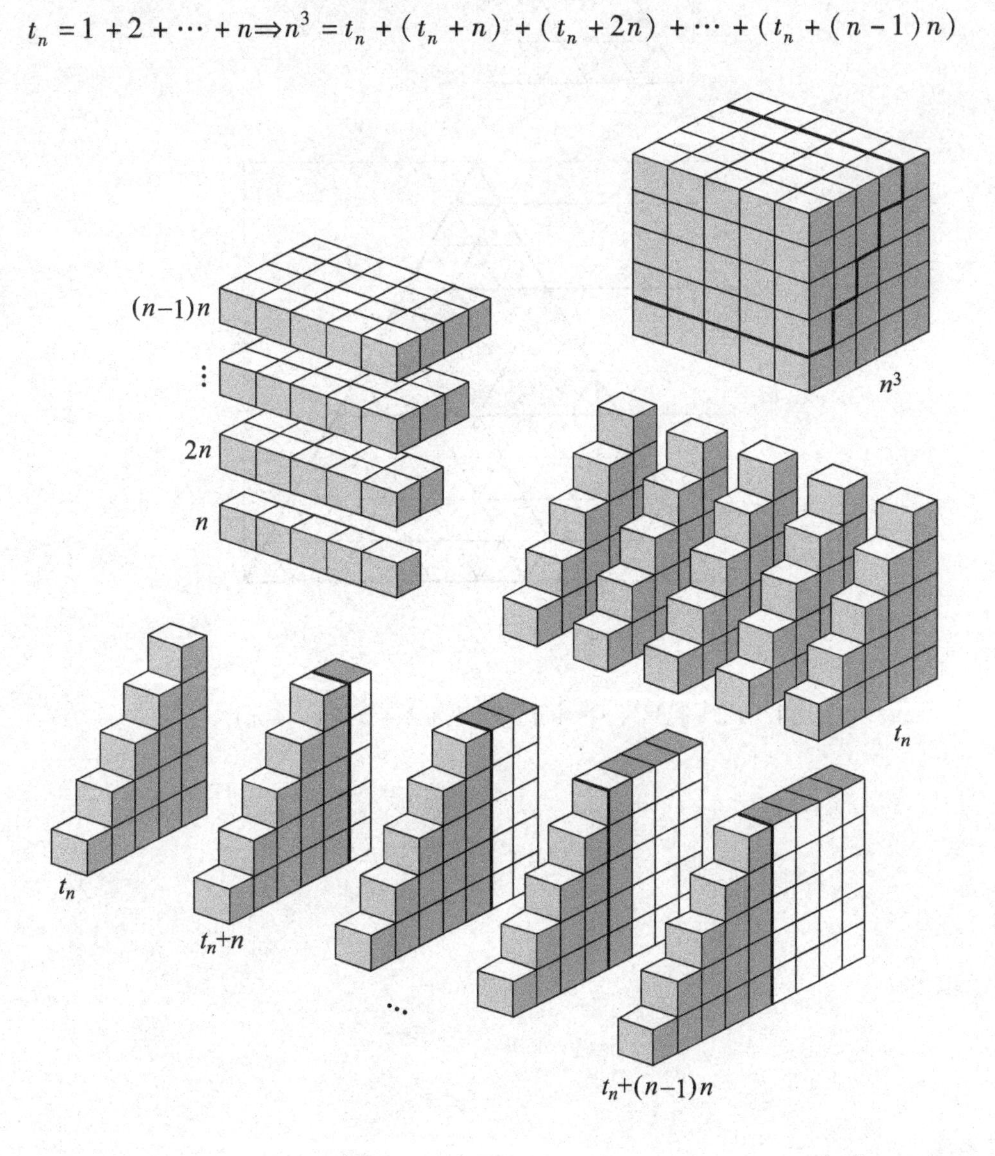

——罗杰　B. 尼尔森（RBN）

立方和Ⅷ

$$1^3+2^3+3^3+\cdots+n^3=(1+2+3+\cdots+n)^2$$

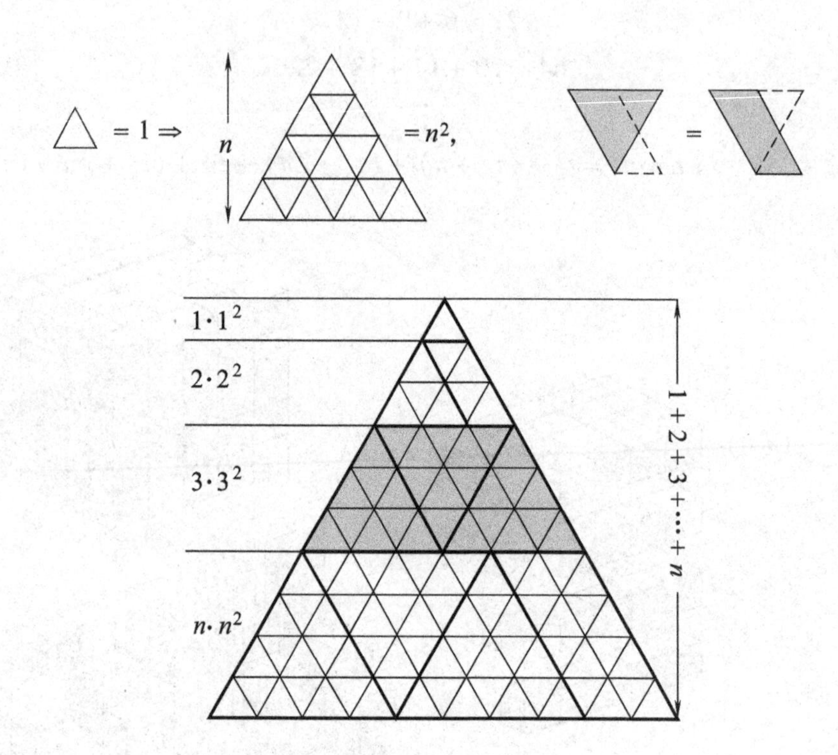

$$1^3+2^3+3^3+\cdots+n^3=(1+2+3+\cdots+n)^2.$$

——帕拉梅斯·洛辛查（Parames Laosinchai）

连续立方数的差模 6 余 1

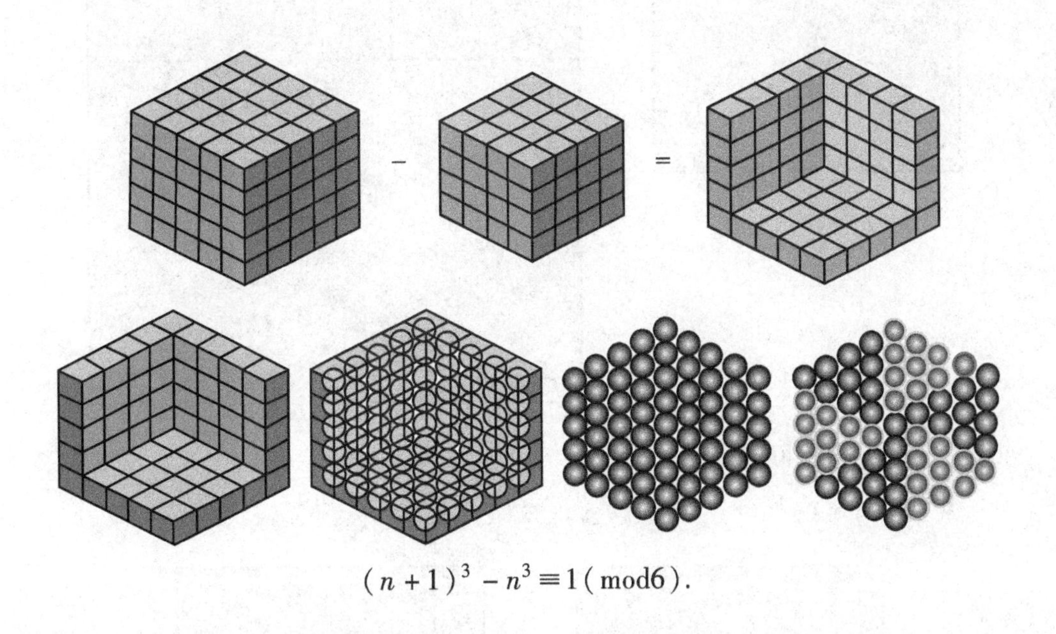

$$(n+1)^3 - n^3 \equiv 1 \pmod{6}.$$

——克劳迪 · 阿尔西纳，哈桑 · 乌纳尔，罗杰 B. 尼尔森

（Claudi Alsina，Hasan Unal，& RBN）

斐波那契恒等式Ⅱ

（比萨的莱昂纳多，约1170—1250年）

$$F_1 = F_2 = 1, F_n = F_{n-1} + F_{n-2} \Rightarrow$$

Ⅰ.（a）$F_1F_2 + F_2F_3 + \cdots + F_{2n}F_{2n+1} = F_{2n+1}^2 - 1$,

（b）$F_1F_2 + F_2F_3 + \cdots + F_{2n-1}F_{2n} = F_{2n}^2$.

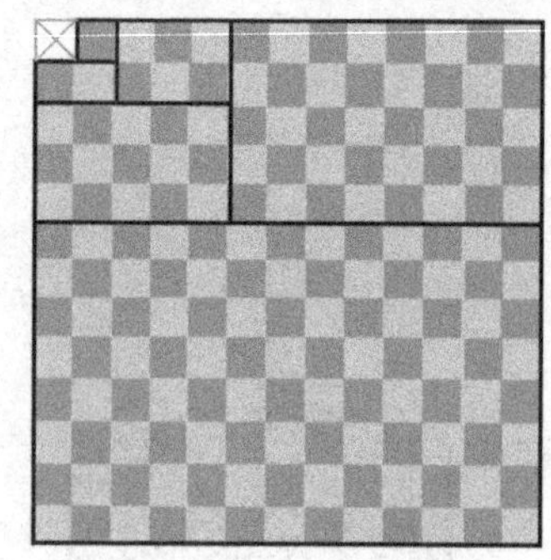

a)

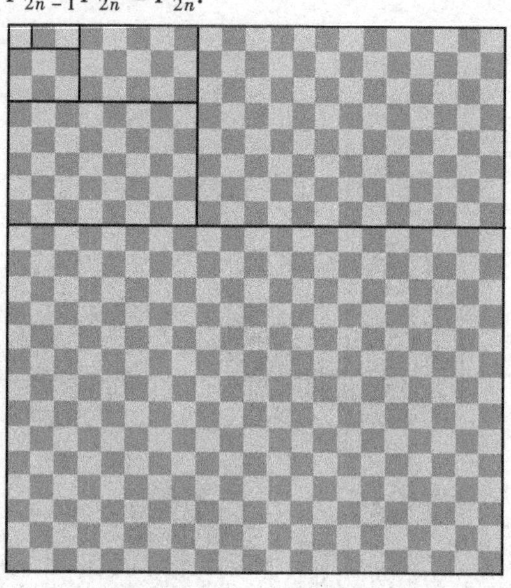

b)

Ⅱ. $F_1F_3 + F_2F_4 + \cdots + F_{2n}F_{2n+2} = F_2^2 + F_3^2 + \cdots + F_{2n+1}^2 = F_{2n+1}F_{2n+2} - 1$.

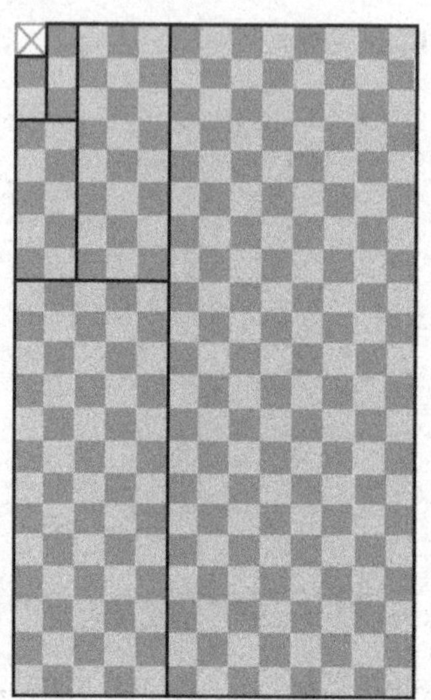

=

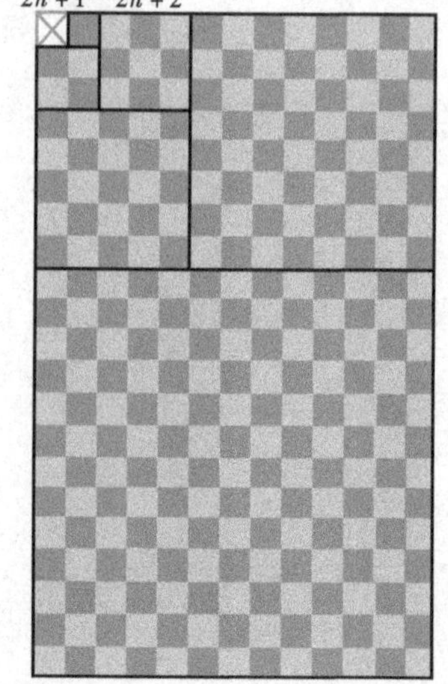

斐波那契地砖

$$F_0 = 0, F_1 = 1, F_{n+1} = F_n + F_{n-1} \Rightarrow$$

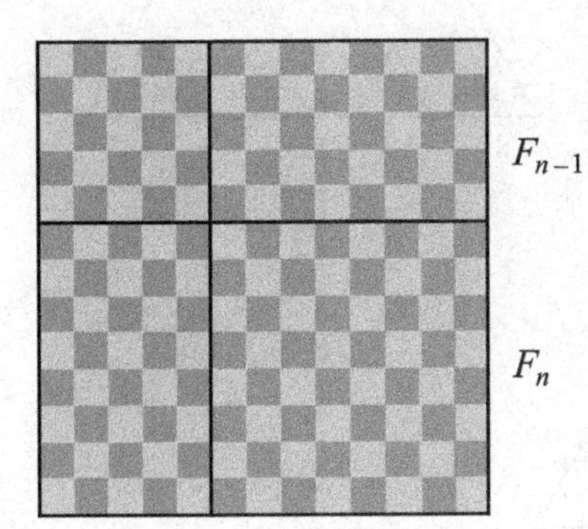

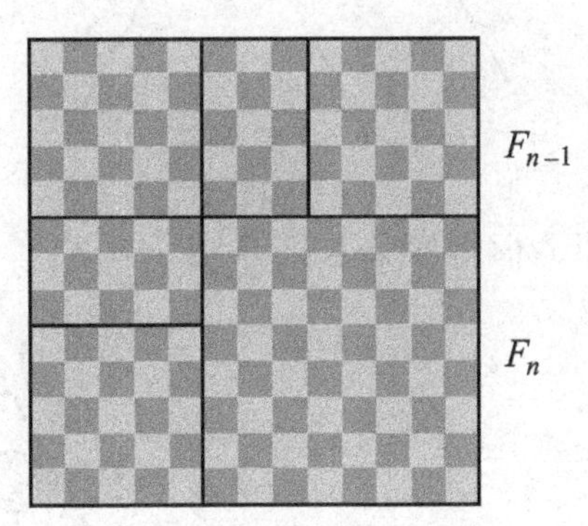

$$\begin{aligned} F_{n+1}^2 &= 2F_{n+1}F_n - F_n^2 + F_{n-1}^2 \\ &= 2F_{n+1}F_{n-1} + F_n^2 - F_{n-1}^2 \\ &= 2F_nF_{n-1} + F_n^2 + F_{n-1}^2 \\ &= F_{n+1}F_n + F_nF_{n-1} + F_{n-1}^2 \\ &= F_{n+1}F_{n-1} + F_n^2 + F_nF_{n-1} \end{aligned}$$

$$F_{n+1}^2 = F_n^2 + 3F_{n-1}^2 + 2F_{n-1}F_{n-2}$$

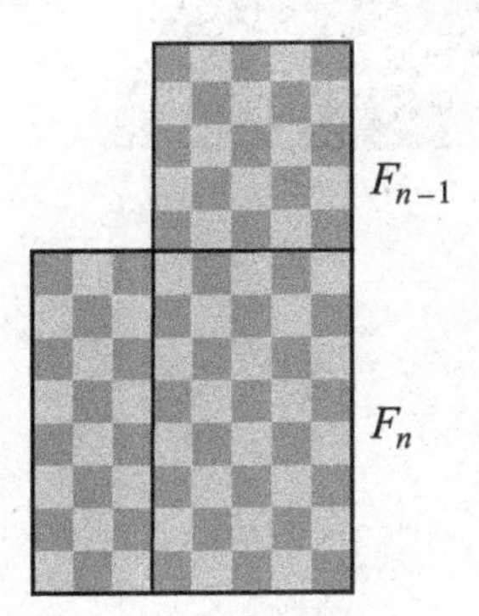

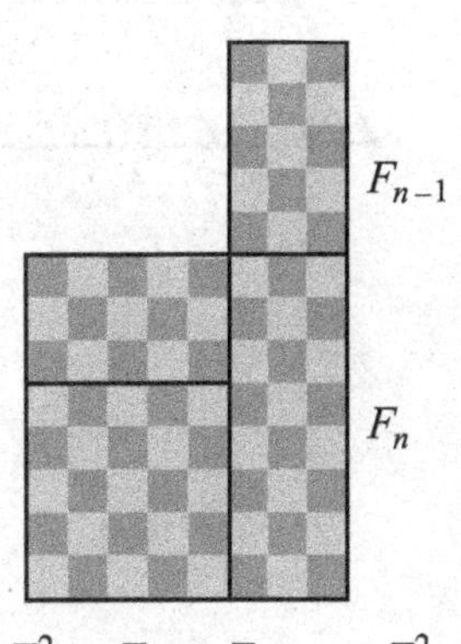

$$F_n^2 = F_{n+1}F_{n-1} + F_nF_{n-2} - F_{n-1}^2$$

$$F_n^2 = F_{n+1}F_{n-2} + F_{n-1}^2$$

——理查德 L. 奥勒顿（Richard L. Ollerton）

斐波那契梯形

Ⅰ. 递推式：$F_n + F_{n+1} = F_{n+2}$.

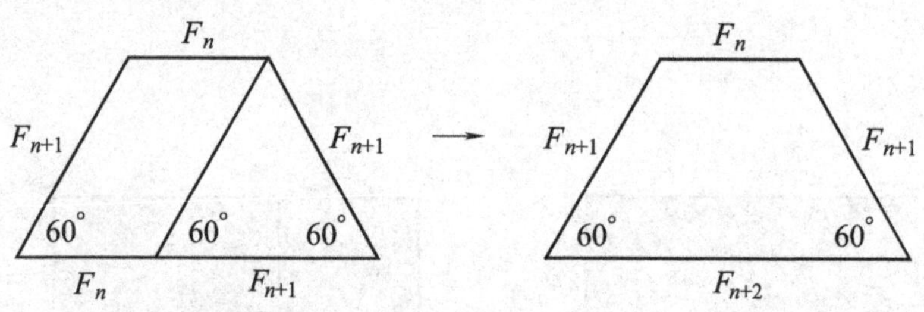

Ⅱ. 恒等式：$1 + \sum_{k=1}^{n} F_k = F_{n+2}$.

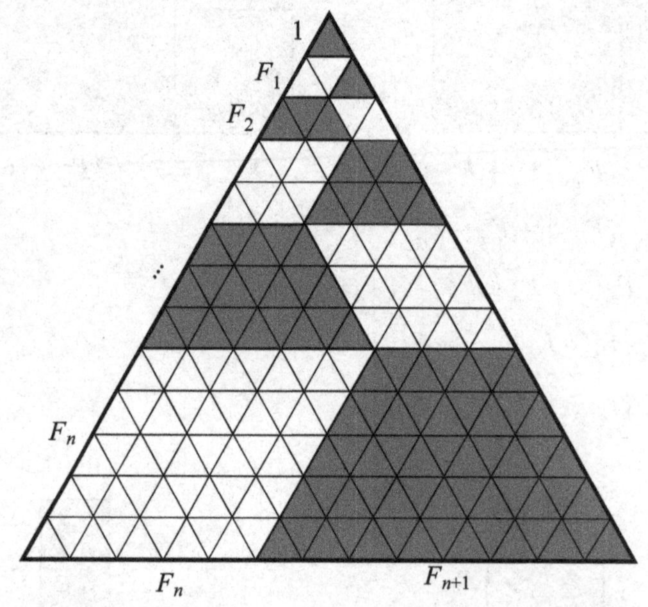

——汉斯·瓦尔泽（Hans Walser）

斐波那契三角形和梯形

$$F_1 = F_2 = 1, F_{n+2} = F_{n+1} + F_n \Rightarrow \sum_{k=1}^{n} F_k^2 = F_n F_{n+1}$$

Ⅰ. 对三角形计数

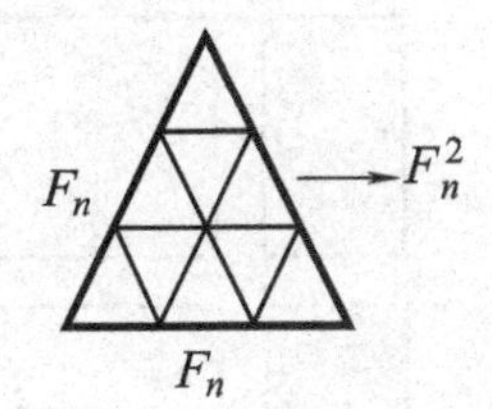

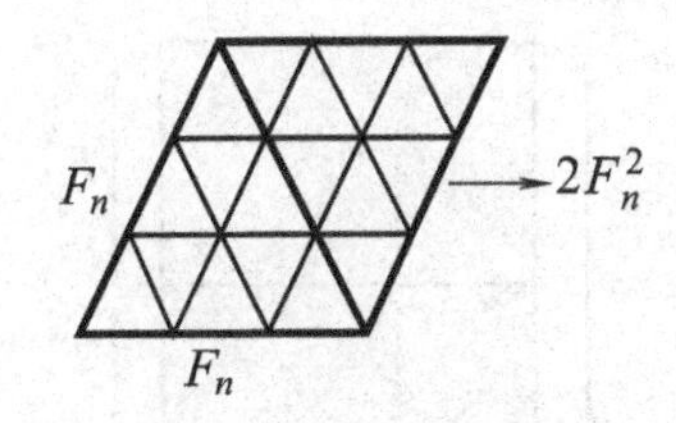

Ⅱ. 恒等式：$F_n^2 + F_{n+1}^2 + \sum_{k=1}^{n} 2F_k^2 = (F_n + F_{n+1})^2$：

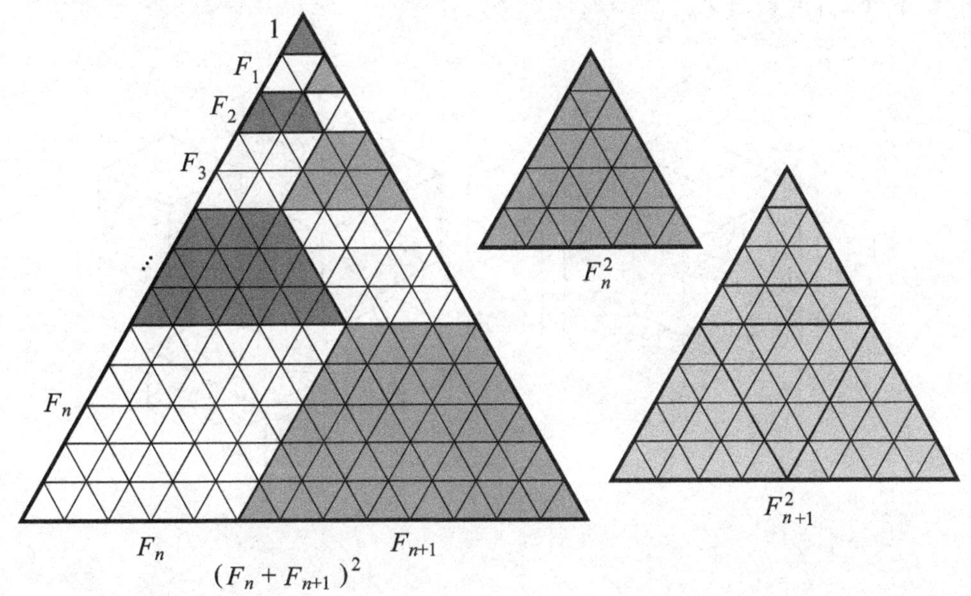

Ⅲ. $\therefore \sum_{k=1}^{n} F_k^2 = F_n F_{n+1}$.

——安赫尔 · 普拉萨，汉斯 · 瓦尔泽（Ángel Plaza & Hans Walser）

斐波那契数的平方与立方

$$F_1 = F_2 = 1, F_n = F_{n-1} + F_{n-2} \Rightarrow$$

Ⅰ. $F_{n+1}^2 = F_n^2 + F_{n-1}^2 + 2F_{n-1}F_n$.

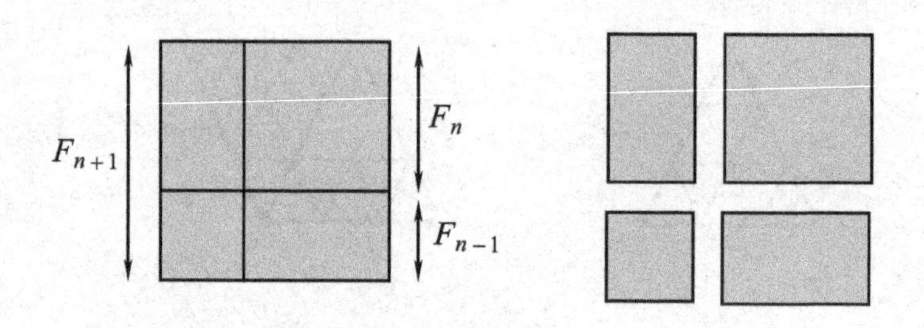

Ⅱ. $F_{n+1}^3 = F_n^3 + F_{n-1}^3 + 3F_{n-1}F_nF_{n+1}$.

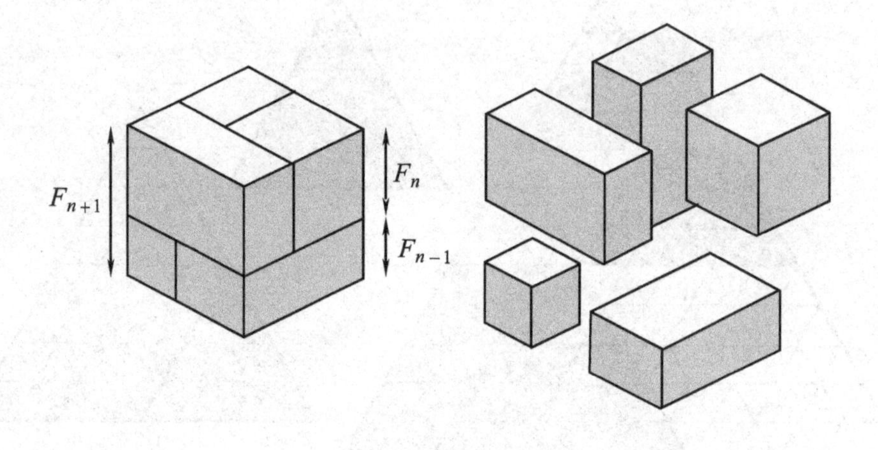

问题：四次方是否有类似的结论？

——罗杰　B. 尼尔森（RBN）

每个八边形数是两个平方数的差

$$1 = 1 = 1^2 - 0^2$$

$$1 + 7 = 8 = 3^2 - 1^2$$

$$1 + 7 + 13 = 21 = 5^2 - 2^2$$

$$1 + 7 + 13 + 19 = 40 = 7^2 - 3^2$$

$$\vdots$$

$$O_n = 1 + 7 + \cdots + (6n - 5) = (2n - 1)^2 - (n - 1)^2$$

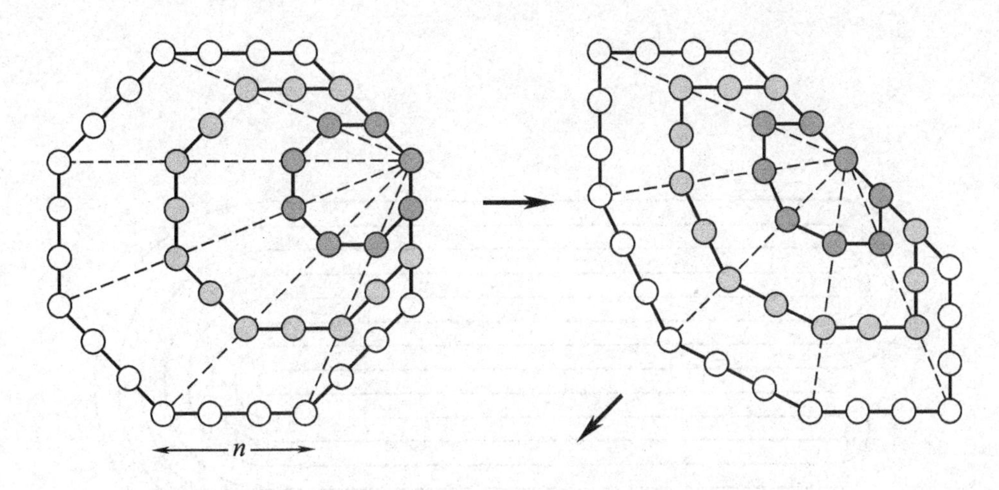

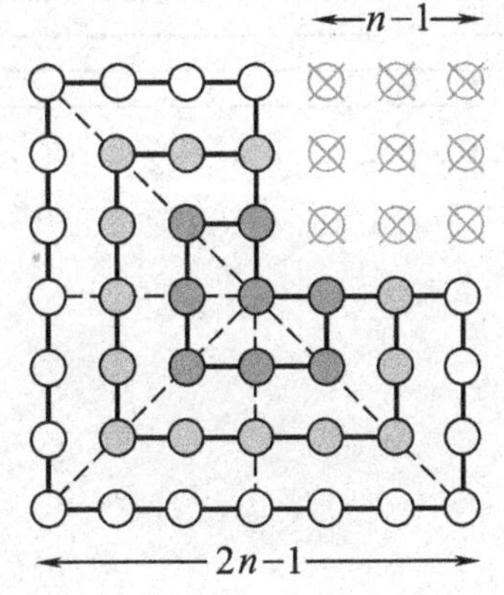

——罗杰　B. 尼尔森（RBN）

2的幂

$$1+1+2+2^2+\cdots+2^{n-1}=2^n.$$

——詹姆斯·唐东（James Tanton）

4 的幂的和

$$\sum_{k=0}^{n} 4^k = \frac{4^{n+1}-1}{3}$$

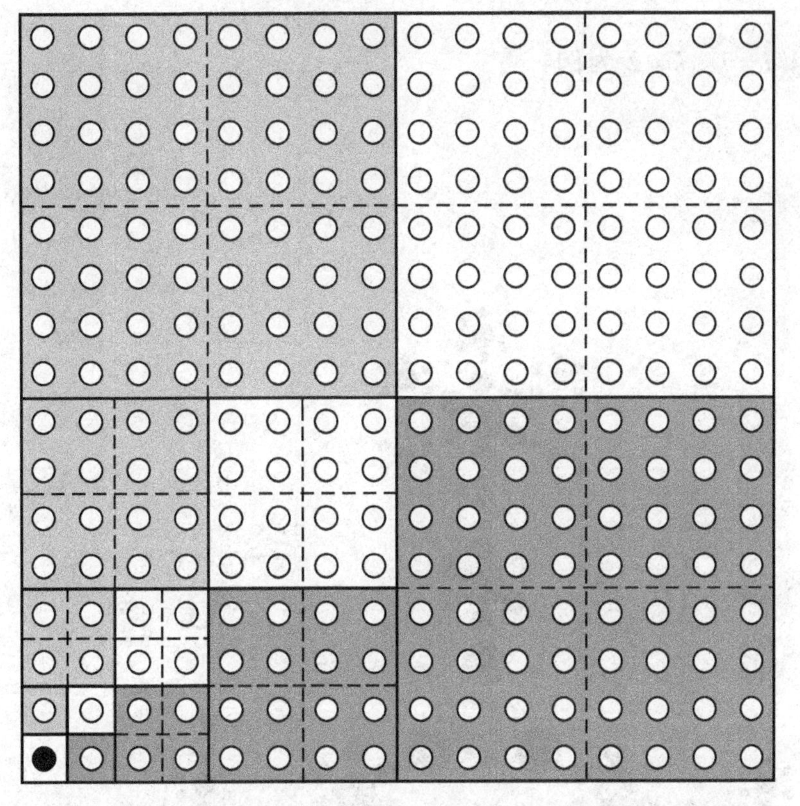

$$1+3(1+4+4^2+\cdots+4^n)=(2^{n+1})^2=4^{n+1}.$$

——戴维 B. 谢尔（David B. Sher）

通过自相似证明 n 的连续幂的和

对任意整数 $n \geqslant 4$ 以及 $k \geqslant 0$

$$1+n+n^2+\cdots+n^k=\frac{n^{k+1}-1}{n-1}.$$

以 $n=7$，$k=2$ 为例：

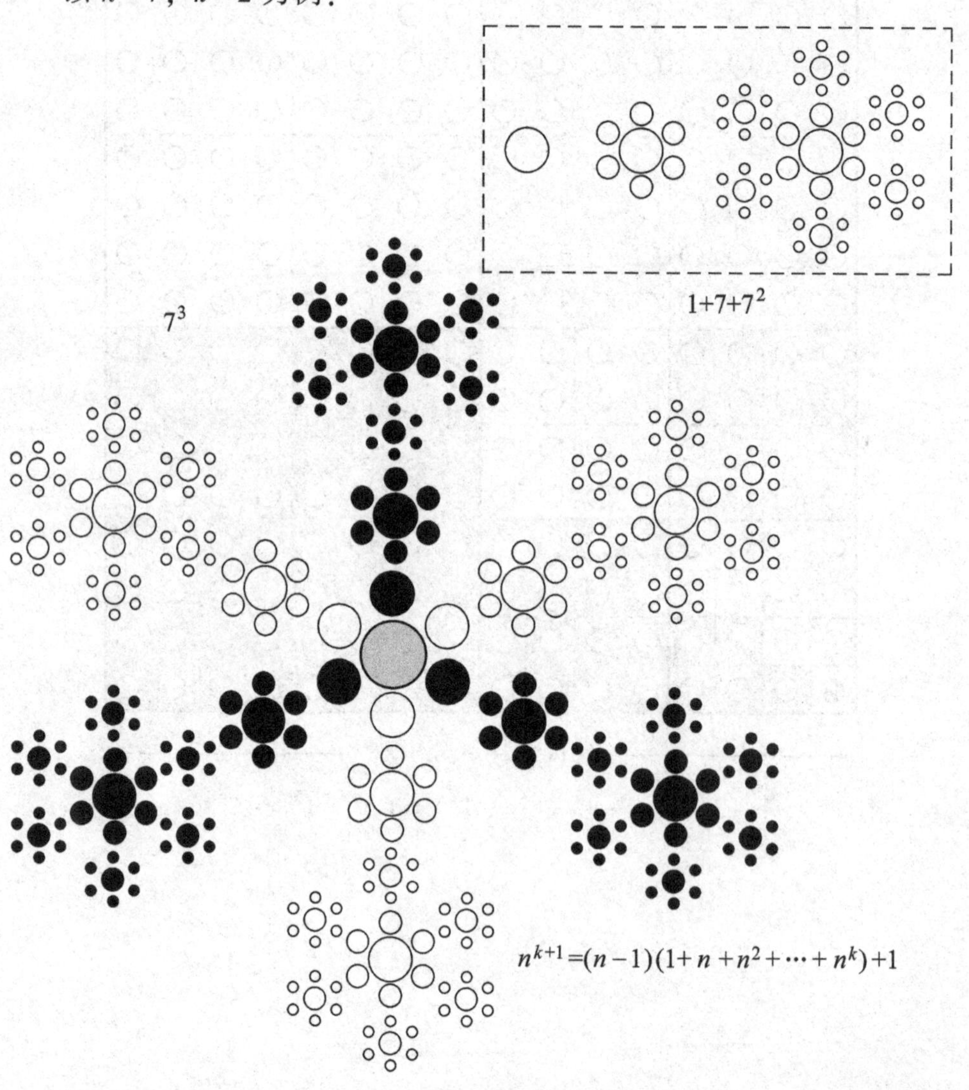

——陈明江（Mingjang Chen）

每个大于 1 的四次幂都等于两个不连续三角形数的和

$$t_k = 1 + 2 + \cdots + k \Rightarrow 2^4 = 15 + 1 = t_5 + t_1,$$

$$3^4 = 66 + 15 = t_{11} + t_5,$$

$$4^4 = 190 + 66 = t_{19} + t_{11},$$

$$\vdots$$

$$n^4 = t_{n^2+n-1} + t_{n^2-n-1}.$$

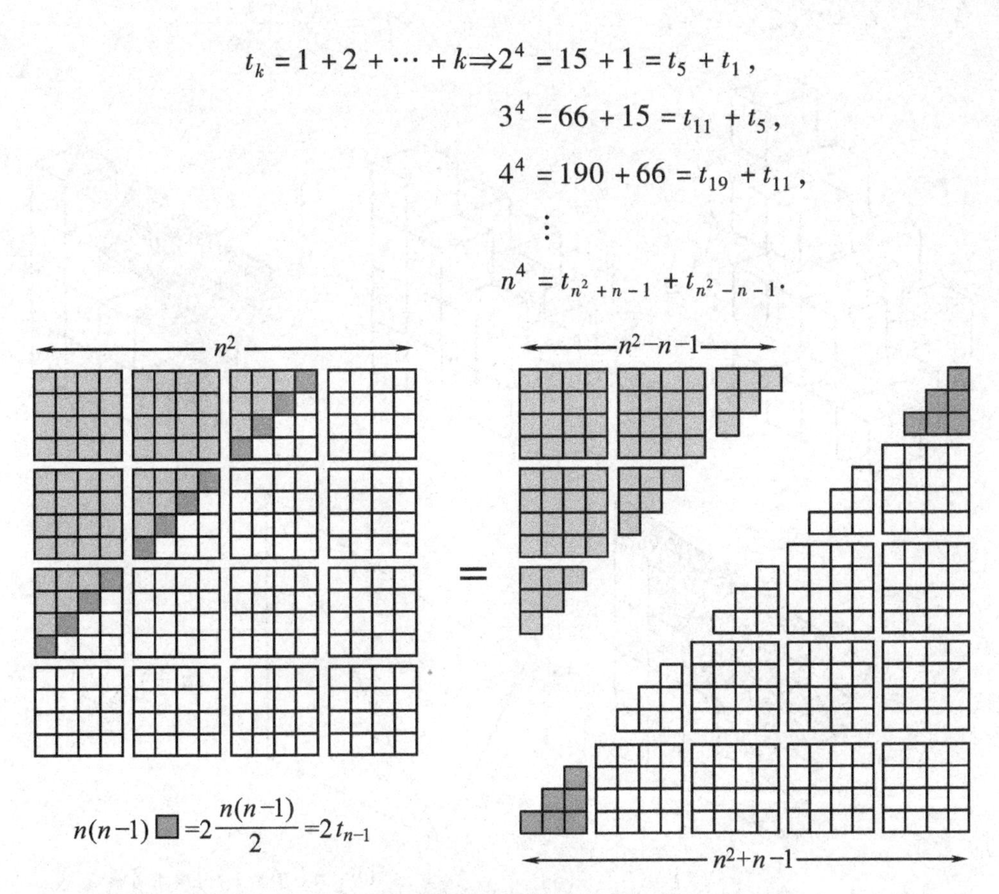

注：因为 $k^2 = t_{k-1} + t_k$，我们也可得到 $n^4 = t_{n^2-1} + t_{n^2}$.

——罗杰　B. 尼尔森（RBN）

三角形数的和 V

$$t_k = 1 + 2 + \cdots + k \quad \Rightarrow \quad t_1 + t_2 + \cdots + t_n = \frac{n(n+1)(n+2)}{6}$$

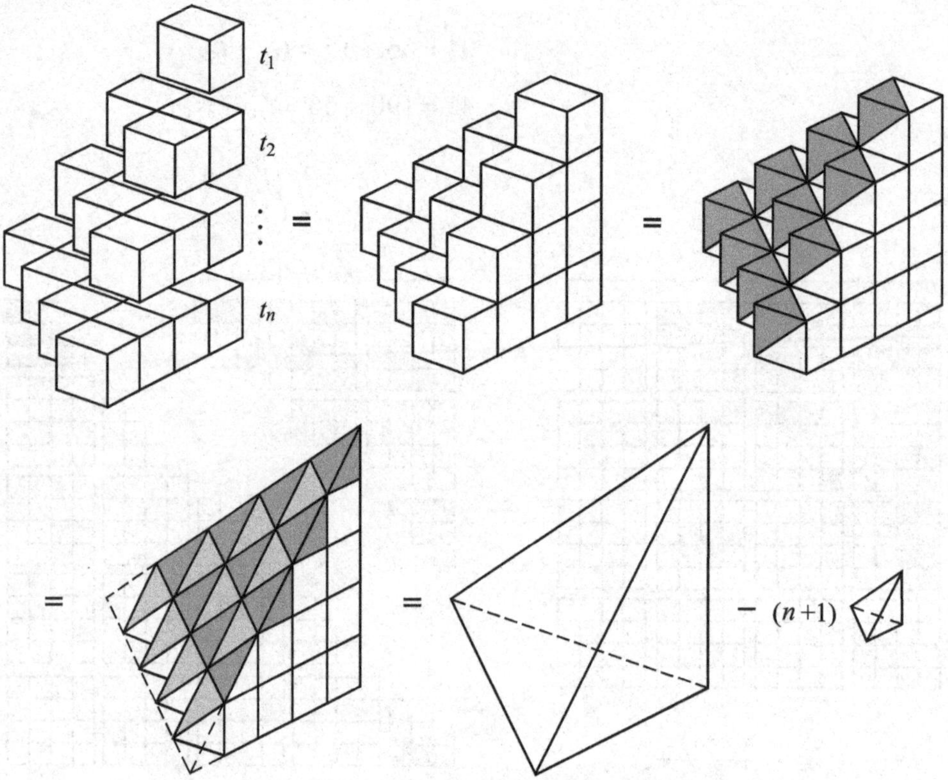

t_1

t_2

$\vdots$ =   =

t_n

=   = $-\ (n+1)$

$$t_1 + t_2 + \cdots + t_n = \frac{1}{6}(n+1)^3 - (n+1) \cdot \frac{1}{6} = \frac{n(n+1)(n+2)}{6}.$$

——罗杰　B. 尼尔森（RBN）

三角形数的交错和 II

$$t_k = 1 + 2 + \cdots + k \Rightarrow \sum_{k=1}^{2n} (-1)^k t_k = 2t_n$$

以 $n=3$ 为例：

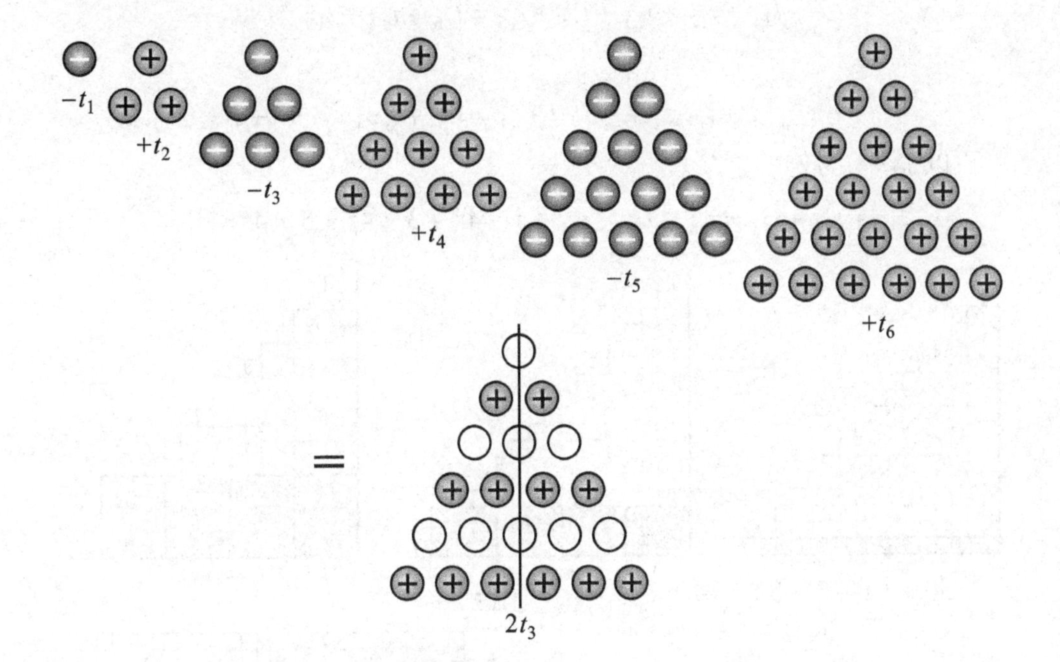

——安赫尔·普拉萨（Ángel Plaza）

一串又一串的三角形数

$t_k = 1 + 2 + \cdots + k \Rightarrow$

$$t_1 + t_2 + t_3 = t_4$$

$$t_5 + t_6 + t_7 + t_8 = t_9 + t_{10}$$

$$t_{11} + t_{12} + t_{13} + t_{14} + t_{15} = t_{16} + t_{17} + t_{18}$$

$$\vdots$$

$$t_{n^2-n-1} + t_{n^2-n} + \cdots + t_{n^2-1} = t_{n^2} + t_{n^2+1} + \cdots + t_{n^2+n-2}.$$

以 $n=4$ 为例：

Ⅰ. $t_{16} + t_{17} + t_{18} = t_{15} + t_{14} + t_{13} + 1 \cdot 4^2 + 3 \cdot 4^2 + 5 \cdot 4^2$；

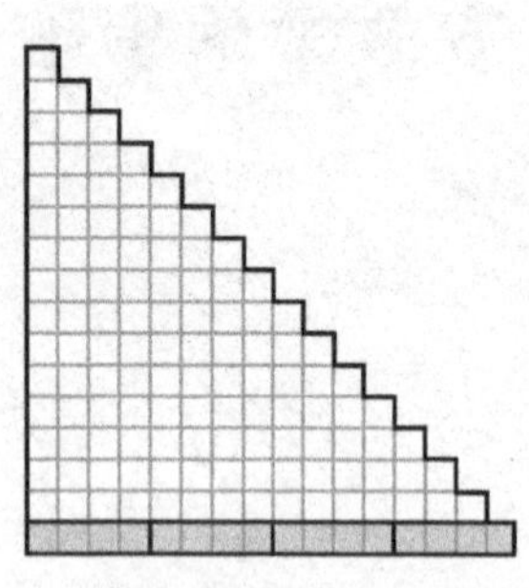
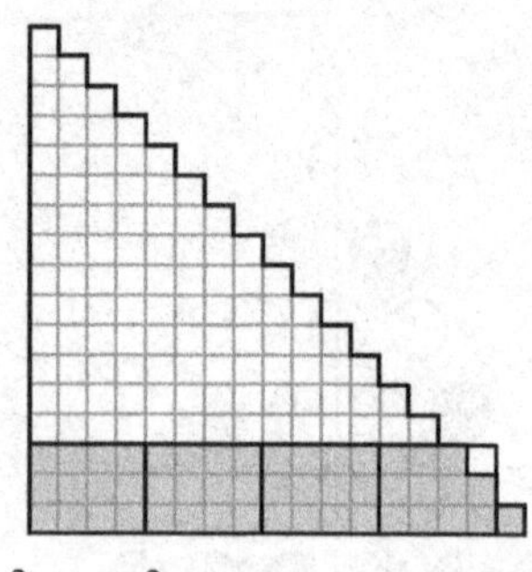
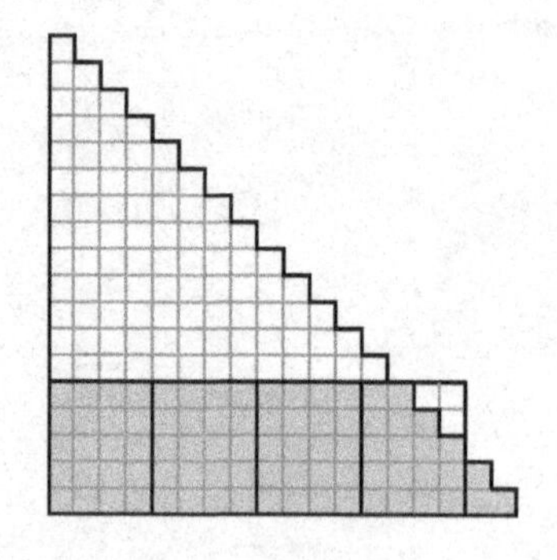

Ⅱ. $(1+3+5) \cdot 4^2 = 12^2 = t_{12} + t_{11}$；

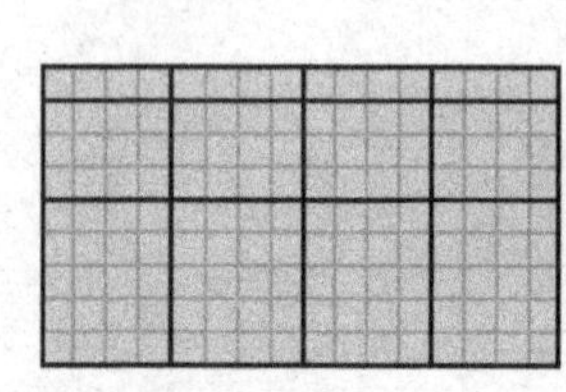
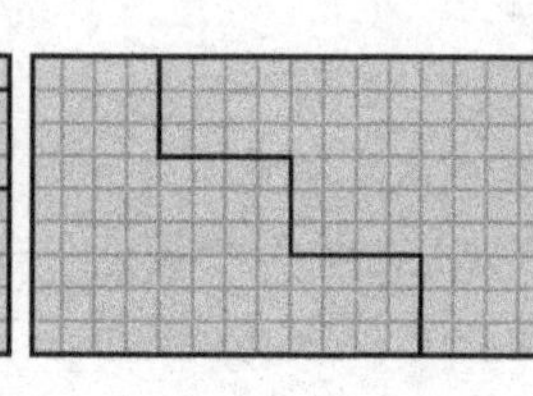
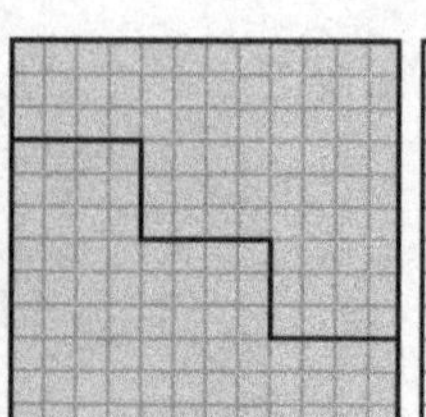
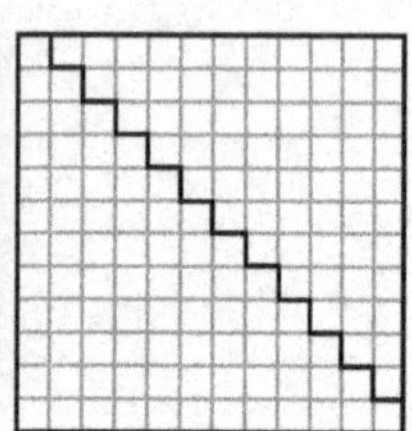

Ⅲ. $\therefore t_{11} + t_{12} + t_{13} + t_{14} + t_{15} = t_{16} + t_{17} + t_{18}$.

——哈桑 · 乌纳尔，罗杰　B. 尼尔森（Hasan Unal & RBN）

每第三个三角形数的和

$$t_k = 1 + 2 + 3 + \cdots + k \quad \Rightarrow \quad t_3 + t_6 + t_9 + \cdots + t_{3n} = 3(n+1)t_n$$

Ⅰ. $t_{3k} = 3(k^2 + t_k)$；

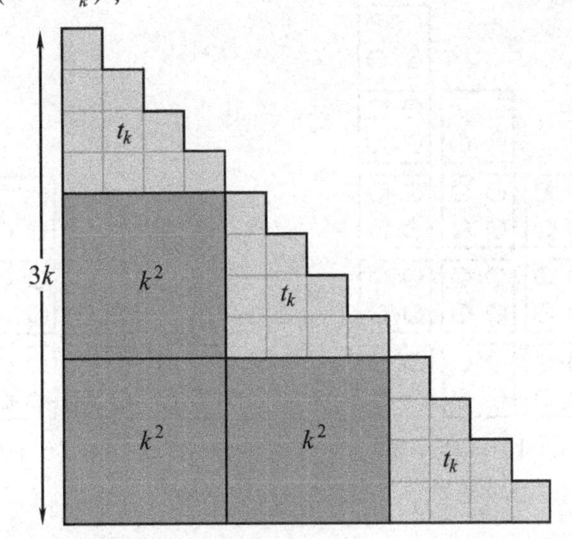

Ⅱ. $\sum_{k=1}^{n}(k^2 + t_k) = (n+1)t_n$；

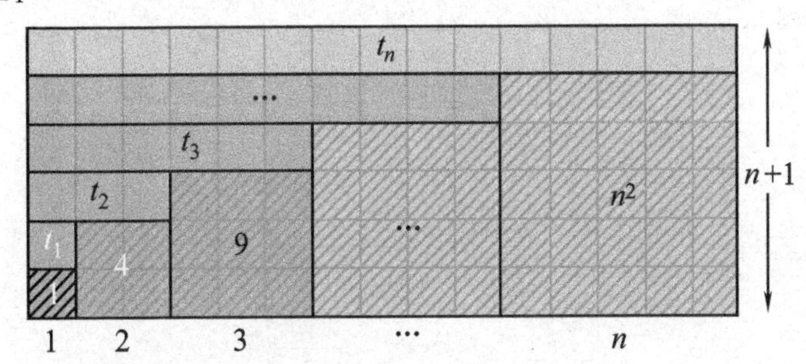

Ⅲ. ∴ $\sum_{k=1}^{n} t_{3k} = 3(n+1)t_n$.

练习：求证

$$t_2 + t_5 + t_8 + \cdots + t_{3n-1} = 3nt_n,$$

$$t_1 + t_4 + t_7 + \cdots + t_{3n-2} = 3(n-1)t_n + n.$$

——罗杰 B. 尼尔森（RBN）

隔项奇数和与三角形数的和

$$t_k = 1 + 2 + \cdots + k \quad \Rightarrow \quad \begin{cases} 1 + 5 + 9 + \cdots + (4n-3) = t_{2n-1} \\ 3 + 7 + 11 + \cdots + (4n-1) = t_{2n} \end{cases}$$

以 $n=5$ 为例：

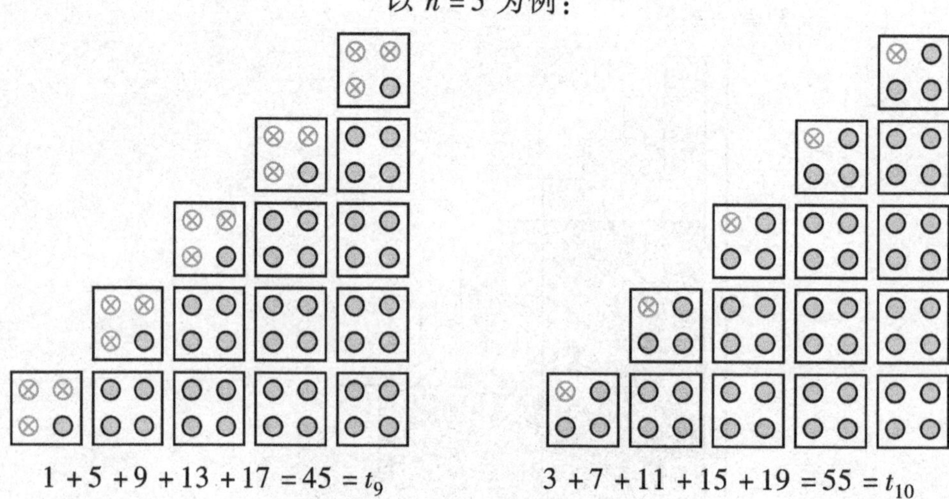

$1 + 5 + 9 + 13 + 17 = 45 = t_9$　　　$3 + 7 + 11 + 15 + 19 = 55 = t_{10}$

——小林由纪夫（Yukio Kobayashi）

三角形数是二项式系数

引理. 存在一个元素个数为 $t_n = 1 + 2 + \cdots + n$ 的集合与 $n + 1$ 元集的二元子集之间的一一对应.

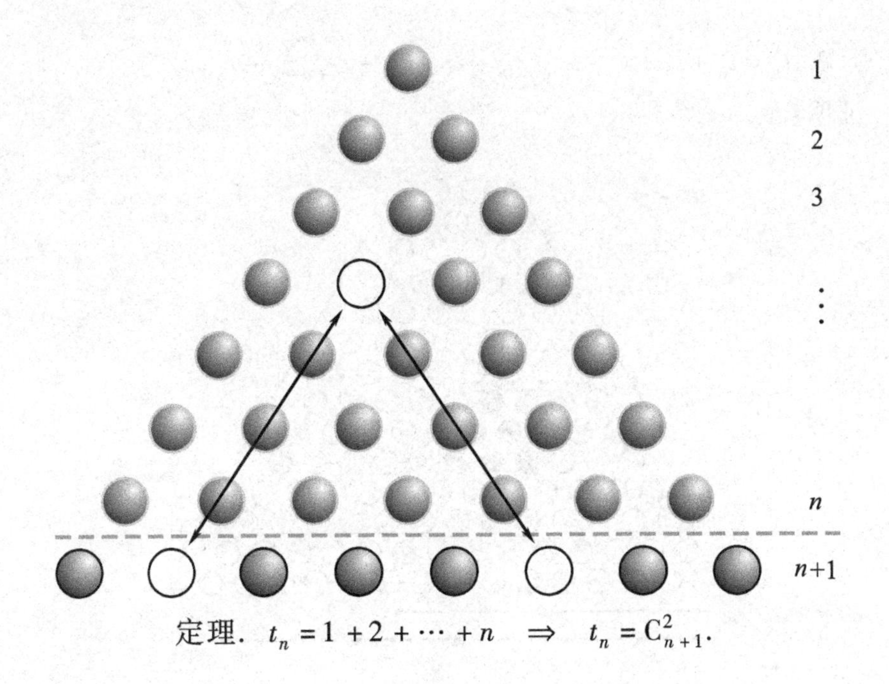

定理. $t_n = 1 + 2 + \cdots + n \Rightarrow t_n = C_{n+1}^2$.

——洛伦·拉尔森（Loren Larson）

关于三角形数的容斥公式

定理. 设 $t_k = 1 + 2 + \cdots + k$ 且 $t_0 = 0$，若 $0 \leqslant a, b, c \leqslant n$ 且 $2n \leqslant a + b + c$，则

$$t_n = t_a + t_b + t_c - t_{a+b-n} - t_{b+c-n} - t_{c+a-n} + t_{a+b+c-2n}.$$

证明：

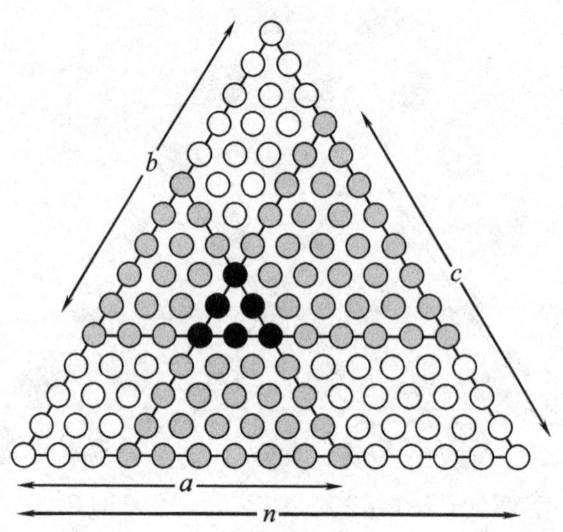

注：

(1) 若 $0 \leqslant a, b, c \leqslant n$，$2n > a + b + c$，而 $n \leqslant \min(a+b, b+c, c+a)$，则 $t_n = t_a + t_b + t_c - t_{a+b-n} - t_{b+c-n} - t_{c+a-n} + t_{2n-a-b-c-1}$；

(2) 下面的特殊情况十分有趣

(a) 令 $(n; a, b, c) = (2n-k; k, k, k)$，则 $3(t_n - t_k) = t_{2n-k} - t_{2k-n}$；

(b) 令 $(n; a, b, c) = (a+b+c; 2a, 2b, 2c)$，则 $t_{2a} + t_{2b} + t_{2c} = t_{a+b+c} + t_{a+b-c} + t_{a-b+c} + t_{-a+b+c}$；

(c) 令 $(n; a, b, c) = (3k; 2k, 2k, 2k)$，则 $3(t_{2k} - t_k) = t_{3k}$.

——罗杰　B. 尼尔森（RBN）

分拆三角形数

$$t_k = 1 + 2 + \cdots + k, 1 \leqslant q \leqslant (n+1)/2 \Rightarrow$$

$$1.\ t_n = 3t_q + 3t_{q-1} + 3t_{n-2q} - 2t_{n-3q},\quad n - 3q \geqslant 0;$$

$$2.\ t_n = 3t_q + 3t_{q-1} + 3t_{n-2q} - 2t_{3q-n-1},\quad n - 3q < 0.$$

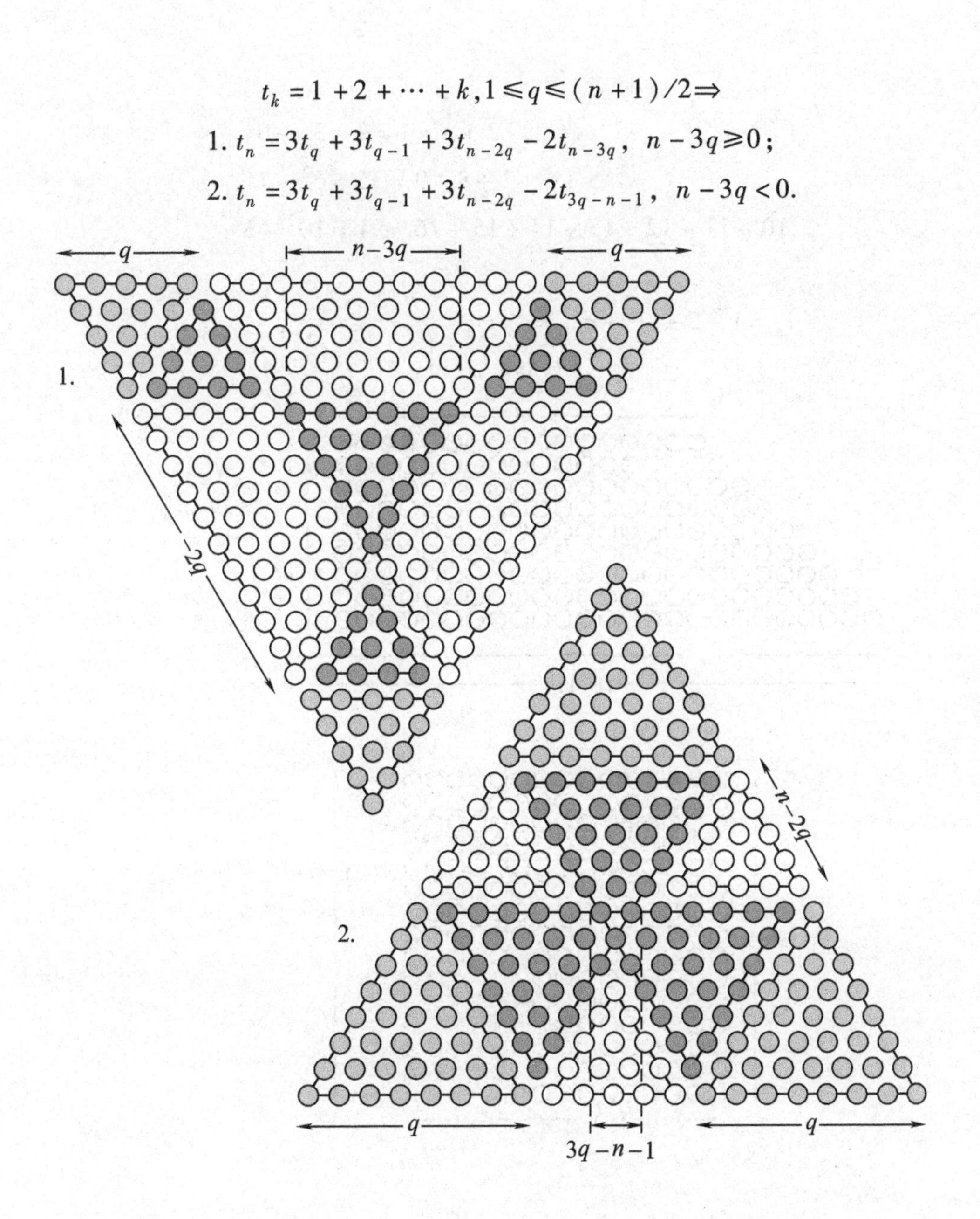

——马修 J. 海恩斯，迈克尔 A. 琼斯（Matthew J. Haines & Michael A. Jones）

三角形数恒等式Ⅱ

$$2+3+4=9=3^2-0^2$$
$$5+6+7+8+9=35=6^2-1^2$$
$$10+11+12+13+14+15+16=91=10^2-3^2$$
$$\vdots$$
$$t_n=1+2+\cdots+n \quad \Rightarrow \quad t_{(n+1)^2}-t_{n^2}=t_{n+1}^2-t_{n-1}^2$$

例如，$n=4$：

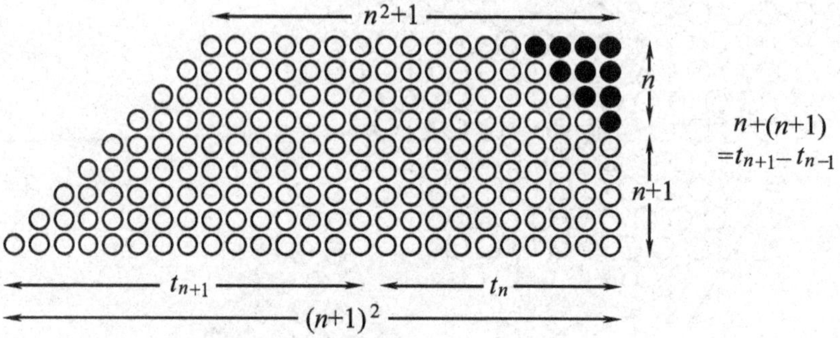

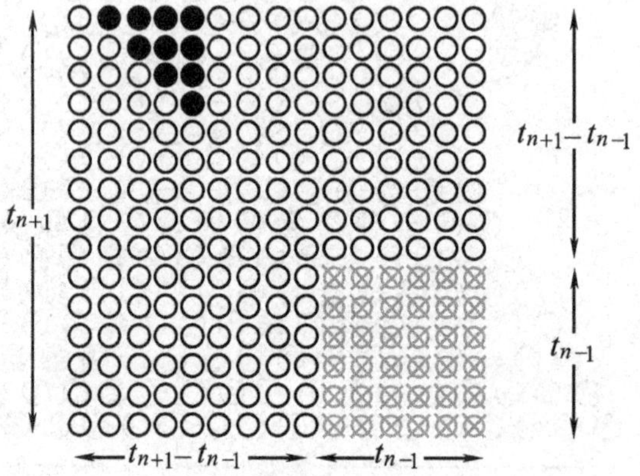

n^2+1

n

$n+(n+1)$
$=t_{n+1}-t_{n-1}$

$n+1$

t_{n+1} t_n

$(n+1)^2$

t_{n+1} $t_{n+1}-t_{n-1}$

t_{n-1}

$t_{n+1}-t_{n-1}$ t_{n-1}

——罗杰 B. 尼尔森（RBN）

三角形数的一个和式

$$t(n)=1+2+\cdots+n \quad \Rightarrow \quad \sum_{k=0}^{n} t(2^k)=\frac{1}{3}t(2^{n+1}+1)-1$$

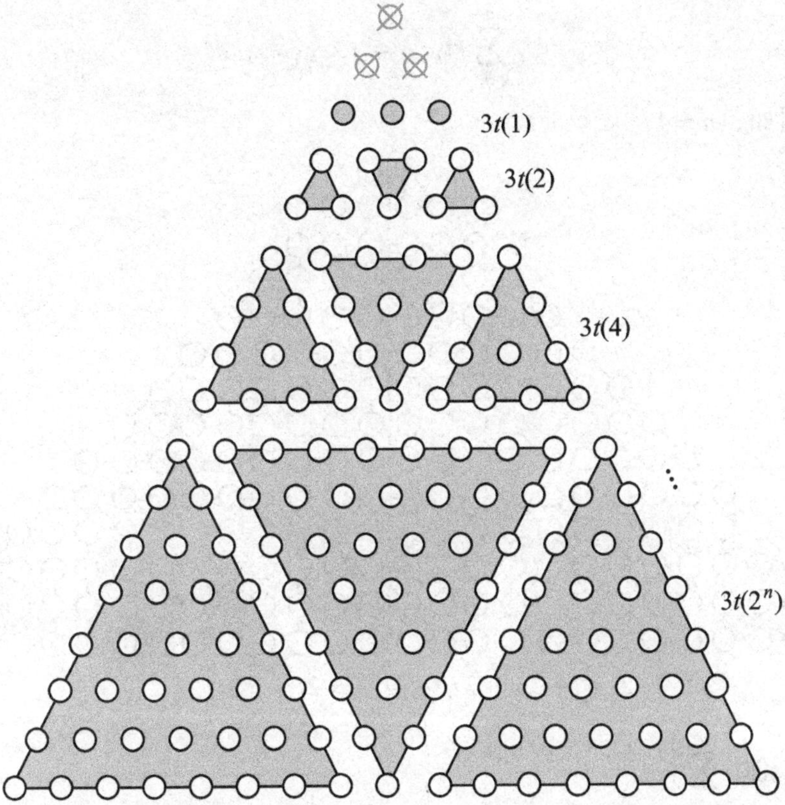

$3t(1)$

$3t(2)$

$3t(4)$

$3t(2^n)$

$$3\sum_{k=0}^{n} t(2^k)=t(2^{n+1}+1)-3.$$

练习．(a) $\sum_{k=1}^{n} t(2^k-1)=\frac{1}{3}t(2^{n+1}-2)$；

(b) $\sum_{k=0}^{n} t(3\cdot 2^k-1)=\frac{1}{3}[t(3\cdot 2^{n+1}-2)-1]$.

——罗杰 B. 尼尔森（RBN）

带权重的三角形数的和

$$t_n = 1 + 2 + 3 + \cdots + n, n \geqslant 1 \quad \Rightarrow$$

$$\sum_{k=1}^{n} k t_{k+1} = t_{t_{n+1}-1}.$$

例如，$n=4$：

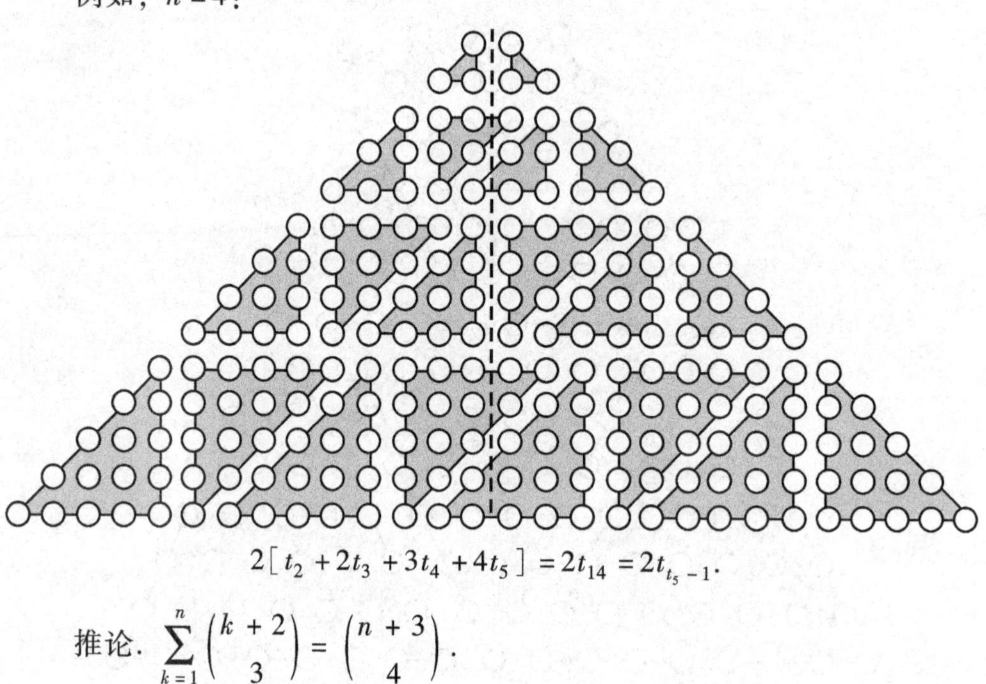

$$2[t_2 + 2t_3 + 3t_4 + 4t_5] = 2t_{14} = 2t_{t_5 - 1}.$$

推论. $\sum_{k=1}^{n} \binom{k+2}{3} = \binom{n+3}{4}$.

——罗杰　B. 尼尔森（RBN）

中心三角形数

中心三角形数 c_n 表示一个中心点以及外围几层三角形框所构成的点阵中点的个数，例如：$c_0=1$，$c_1=4$，$c_2=10$，$c_3=19$，$c_4=31$，$c_5=46$ 如下图所示：

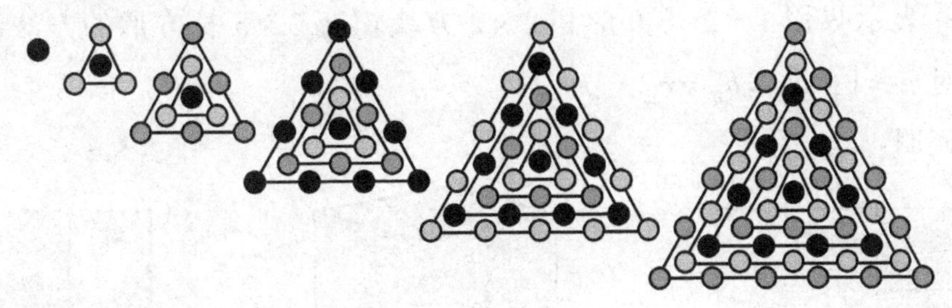

普通三角形数 t_n 等于 $1+2+\cdots+n$.

Ⅰ. 每个 $c_n \geqslant 4$ 都比某个普通三角形数的 3 位大 1，也就是说当 $n \geqslant 1$ 时，$c_n=1+3t_n$.

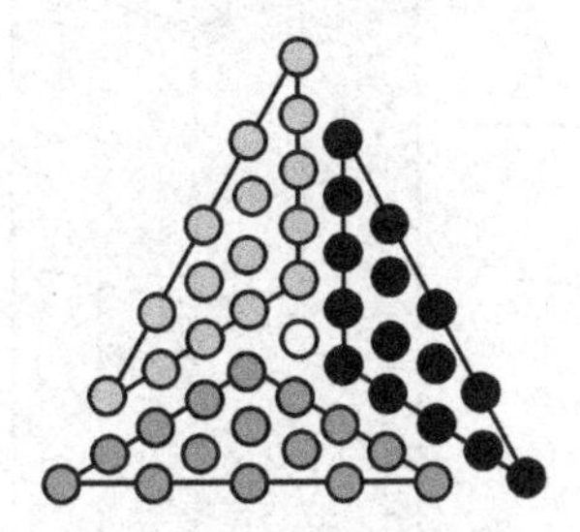

$$c_5=46=1+3\cdot 15=1+3(1+2+3+4+5)=1+3t_5.$$

Ⅱ. 每个 $c_n \geqslant 10$ 都是三个连续的普通三角形数之和，即当 $n \geqslant 2$ 时，$c_n=t_{n-1}+t_n+t_{n+1}$ $(n \geqslant 2)$.

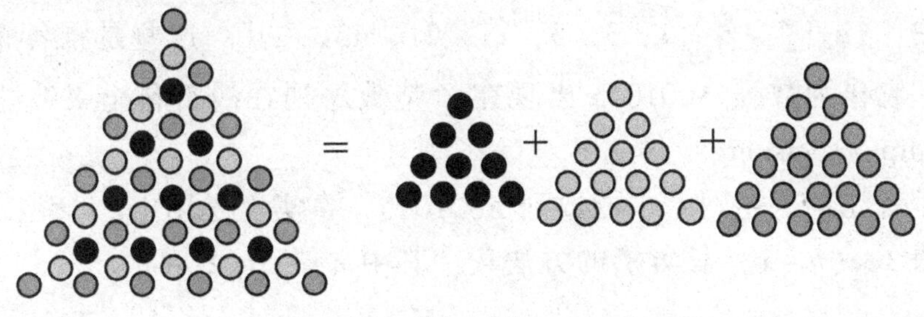

$$c_5=46=10+15+21=t_4+t_5+t_6.$$

雅各布斯塔尔数

恩斯特·埃里希·雅各布斯塔尔（Ernst Erich Jacobsthal），1882—1965

令 a_n 表示只用 1×1 和 2×2 方块密铺 $3\times n$ 长方形的方法数；

b_n 表示只用 $1\times1\times2$ 砖块填充 $2\times2\times n$ 长方体的方法数；

c_n 表示只用 1×2 长方形和 2×2 方块填充 $2\times n$ 长方形的方法数.

对 $n\geqslant1$，$a_n=b_n=c_n$.

证明：

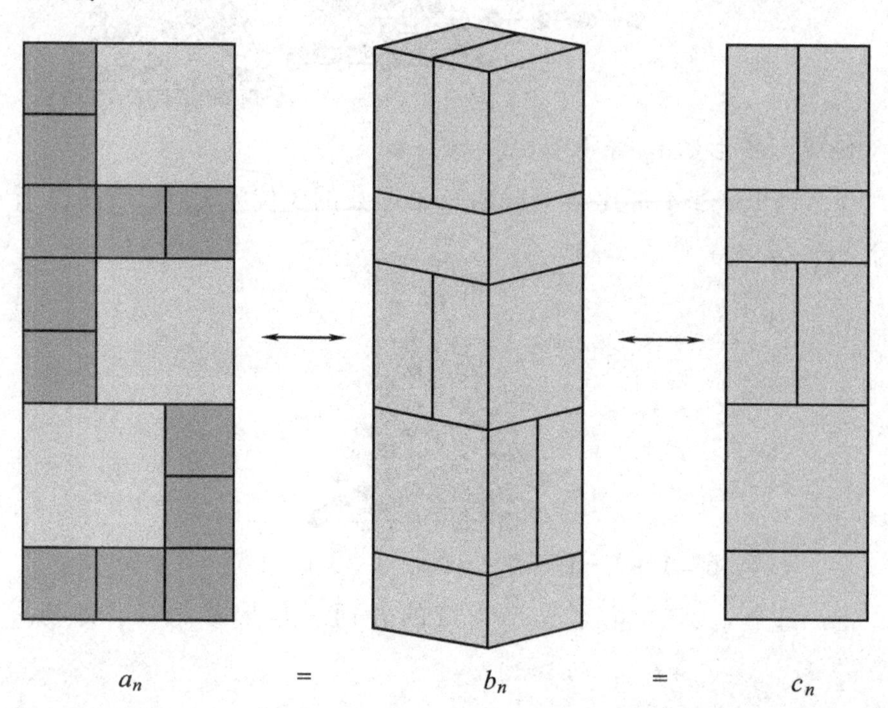

$a_n \quad = \quad b_n \quad = \quad c_n$

注：$\{a_n\}_{n=1}^{\infty}=\{1,3,5,11,21,43,\cdots\}$. 这些是雅各布斯塔尔数，它作为数列 A001045 出现在“整数序列在线百科全书”上，网址为 http://oeis. org.

泽者注：上述网站中的数列 A001045，事实上是用 1×1 和 2×2 方块密铺 $3\times(n-1)$ 长方形的方法数，其中 $n=0,1,2,\cdots$

——马丁·格里菲斯（Martin Griffiths）

无穷级数及其他议题

几何级数 V

Ⅰ. $\frac{1}{3}+\left(\frac{1}{3}\right)^2+\left(\frac{1}{3}\right)^3+\cdots=\frac{1}{2}$：

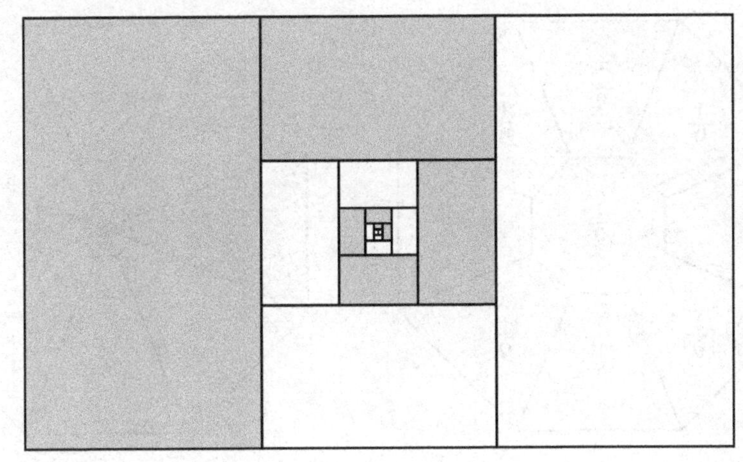

Ⅱ. $\frac{1}{5}+\left(\frac{1}{5}\right)^2+\left(\frac{1}{5}\right)^3+\cdots=\frac{1}{4}$：

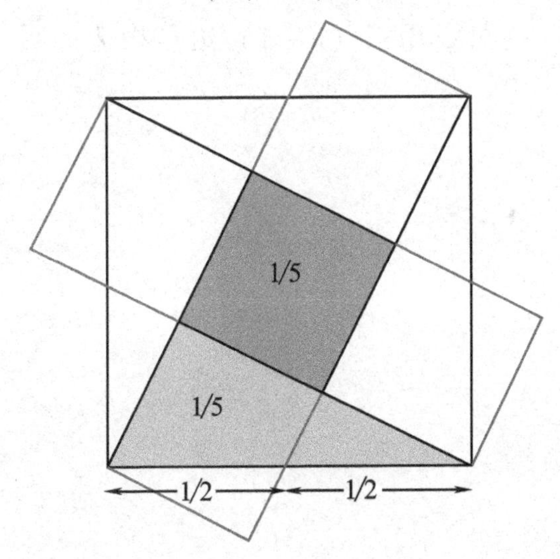

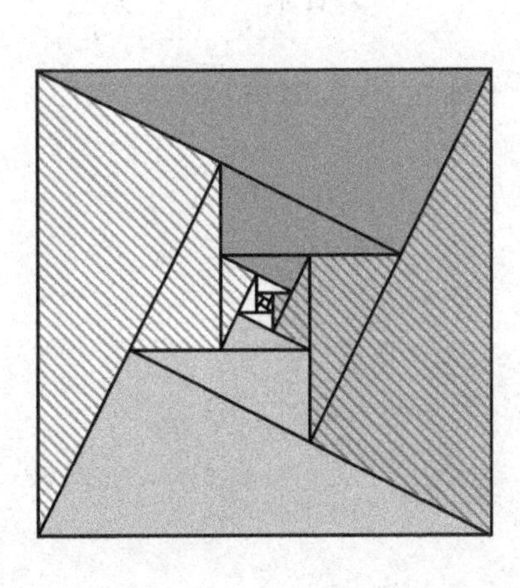

——瑞克 · 马布里（Rick Mabry）

几何级数 VI

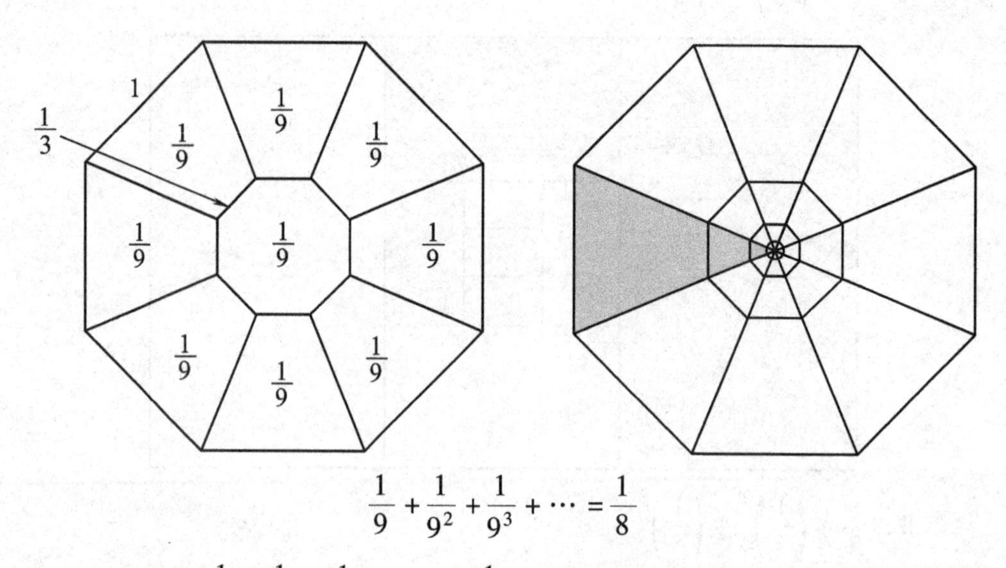

$$\frac{1}{9}+\frac{1}{9^2}+\frac{1}{9^3}+\cdots=\frac{1}{8}$$

一般结果$\frac{1}{n}+\frac{1}{n^2}+\frac{1}{n^3}+\cdots=\frac{1}{n-1}$可以用正（$n-1$）边形构造证明(甚至用圆也可以).

——詹姆斯·唐东（James Tanton）

几何级数Ⅶ（通过直角三角形证明）

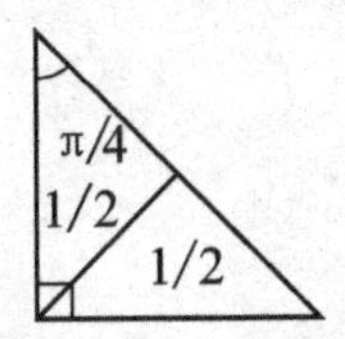

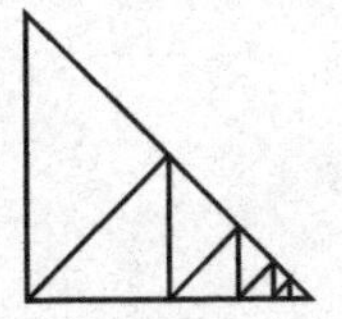

$$\frac{1}{2}+\left(\frac{1}{2}\right)^2+\left(\frac{1}{2}\right)^3+\cdots=1.$$

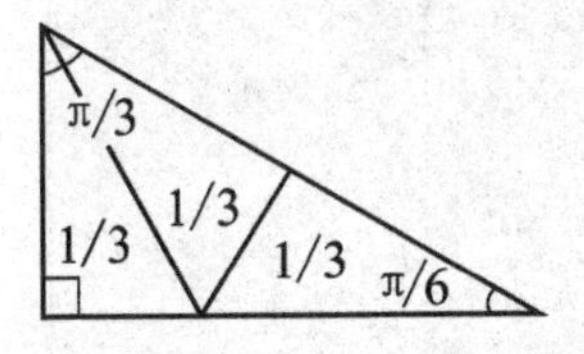

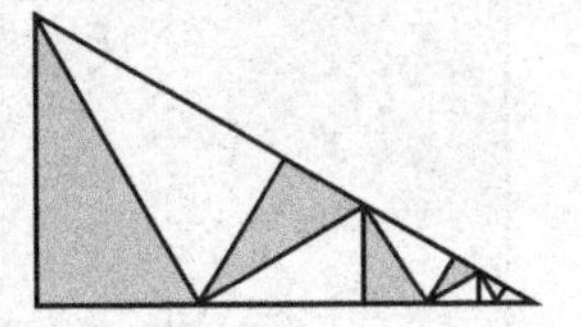

$$\frac{1}{3}+\left(\frac{1}{3}\right)^2+\left(\frac{1}{3}\right)^3+\cdots=\frac{1}{2}.$$

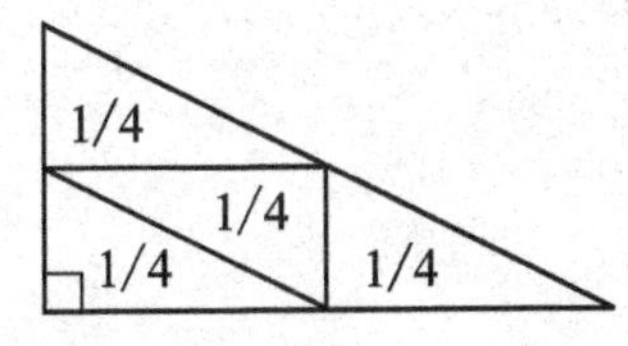

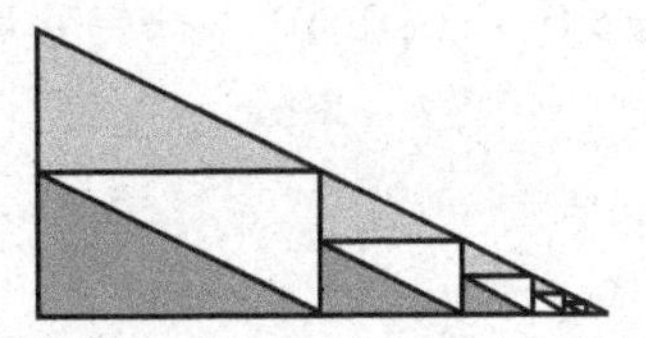

$$\frac{1}{4}+\left(\frac{1}{4}\right)^2+\left(\frac{1}{4}\right)^3+\cdots=\frac{1}{3}.$$

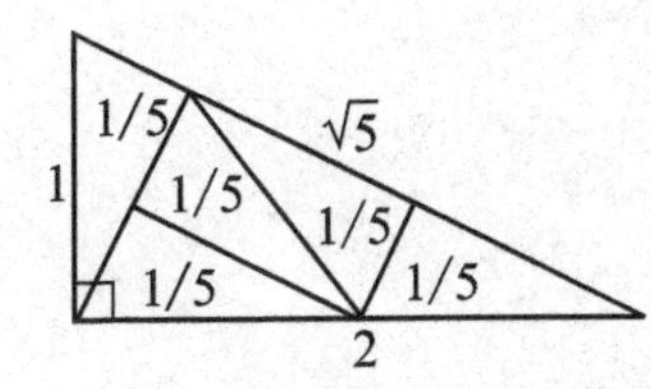

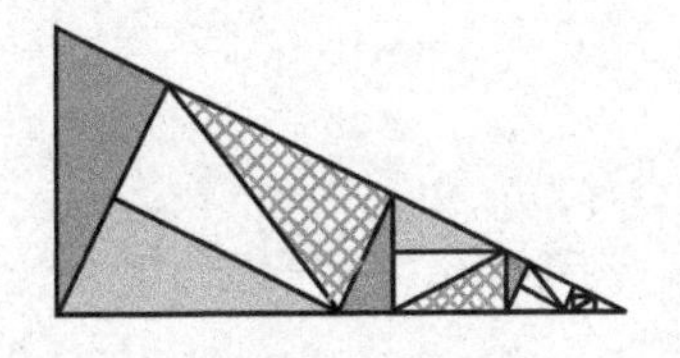

$$\frac{1}{5}+\left(\frac{1}{5}\right)^2+\left(\frac{1}{5}\right)^3+\cdots=\frac{1}{4}.$$

挑战：你能构造出接下来的两行吗？

——罗杰　B. 尼尔森（RBN）

几何级数Ⅷ

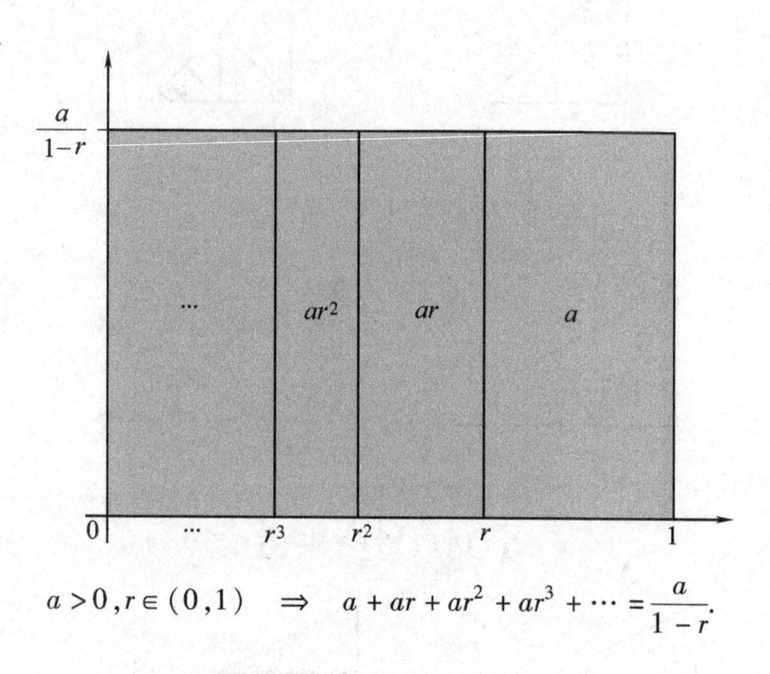

$$a>0, r\in(0,1) \quad \Rightarrow \quad a+ar+ar^2+ar^3+\cdots=\frac{a}{1-r}.$$

——克雷格 M. 约翰逊，卡洛斯 G. 斯巴特

(Craig M. Johnson & Carlos G. Spaht)(彼此独立地)

几何级数 IX

Ⅰ. $a + ar + ar^2 + \cdots = \dfrac{a}{1-r}$, $0 < r < 1$:

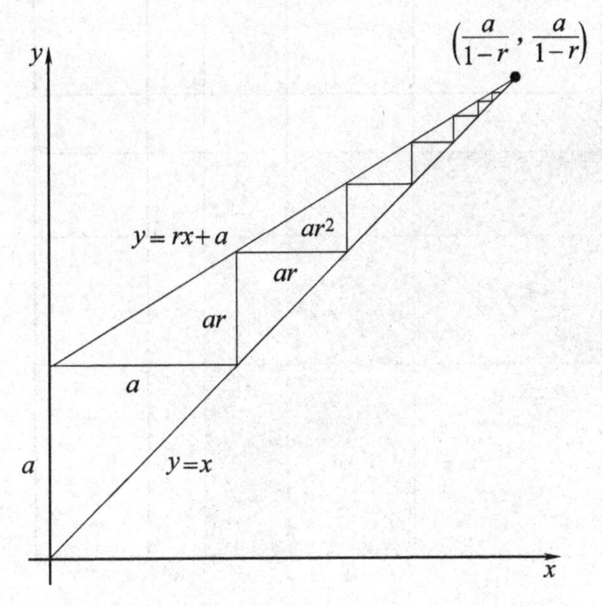

Ⅱ. $a - ar + ar^2 - \cdots = \dfrac{a}{1+r}$, $0 < r < 1$:

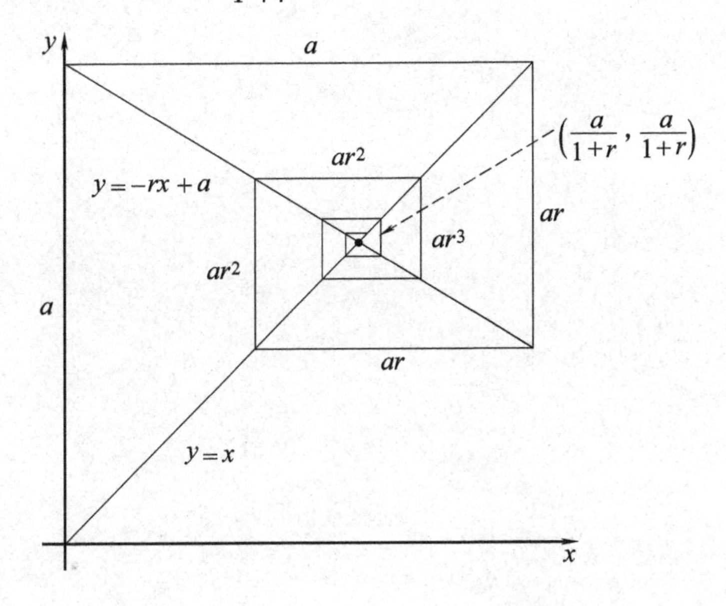

——"The Viewpoints 2000" 小组

几何级数的导数Ⅱ

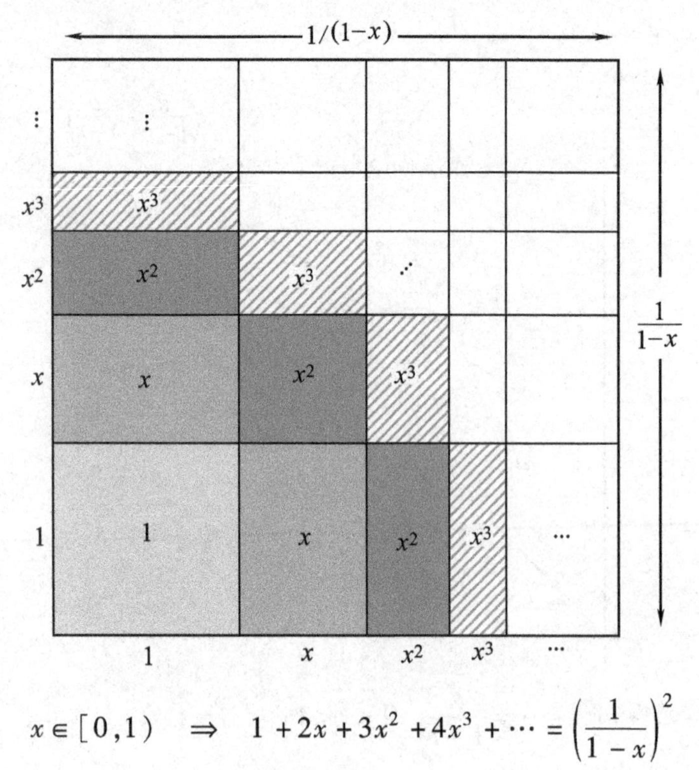

$$x \in [0,1) \quad \Rightarrow \quad 1 + 2x + 3x^2 + 4x^3 + \cdots = \left(\frac{1}{1-x}\right)^2$$

——罗杰 B. 尼尔森(RBN)

几何裂项

将两个最基本的能算出确切结果的级数（几何级数，裂项级数）结合起来，可以证明下面这个有趣的事实.

$$\sum_{m=2}^{\infty}(\zeta(m)-1)=1,$$

其中 $\zeta(s)=\sum_{n=1}^{\infty}\frac{1}{n^{s}}$ 是黎曼 ζ 函数. 即

$\zeta(2)-1$ ↓	$\zeta(3)-1$ ↓	$\zeta(4)-1$ ↓	$\cdots$		
$\frac{1}{2^2}$	$\frac{1}{2^3}$	$\frac{1}{2^4}$	$\cdots$		$=\frac{1/2^2}{1-1/2}=\frac{1}{2^2}\cdot\frac{2}{1}=\frac{1}{2\cdot 1}=1-\frac{1}{2}$
$\frac{1}{3^2}$	$\frac{1}{3^3}$	$\frac{1}{3^4}$	$\cdots$		$=\frac{1/3^2}{1-1/3}=\frac{1}{3^2}\cdot\frac{3}{2}=\frac{1}{3\cdot 2}=\frac{1}{2}-\frac{1}{3}$
$\frac{1}{4^2}$	$\frac{1}{4^3}$	$\frac{1}{4^4}$	$\cdots$		$=\frac{1/4^2}{1-1/4}=\frac{1}{4^2}\cdot\frac{4}{3}=\frac{1}{4\cdot 3}=\frac{1}{3}-\frac{1}{4}$
$\vdots$	$\vdots$	$\vdots$	$\ddots$		$=\quad\cdots\quad=\cdots$
					$\vdots$
					1

练习. (a) $\sum_{m=2}^{\infty}(-1)^{m}(\zeta(m)-1)=\frac{1}{2}$;

(b) $\sum_{k=1}^{\infty}(\zeta(2k+1)-1)=\frac{1}{4}$.

——托马斯 · 沃克 (Thomas Walker)

交错级数 II

$$1-\frac{1}{2}+\frac{1}{4}-\frac{1}{8}+\frac{1}{16}-\cdots=\frac{2}{3}$$

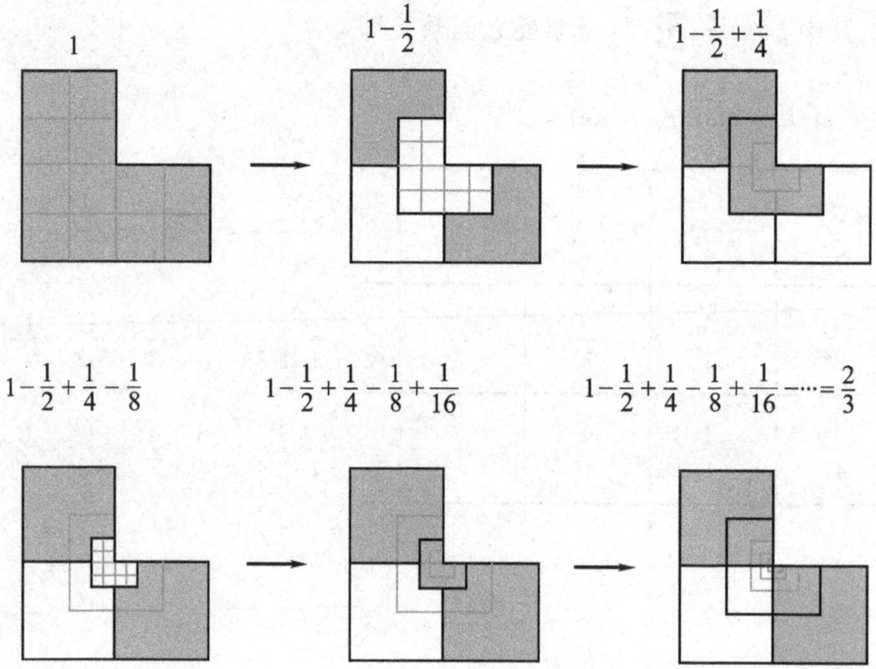

1

$1-\frac{1}{2}$

$1-\frac{1}{2}+\frac{1}{4}$

$1-\frac{1}{2}+\frac{1}{4}-\frac{1}{8}$

$1-\frac{1}{2}+\frac{1}{4}-\frac{1}{8}+\frac{1}{16}$

$1-\frac{1}{2}+\frac{1}{4}-\frac{1}{8}+\frac{1}{16}-\cdots=\frac{2}{3}$

——罗杰　B. 尼尔森（RBN）

交错级数Ⅲ

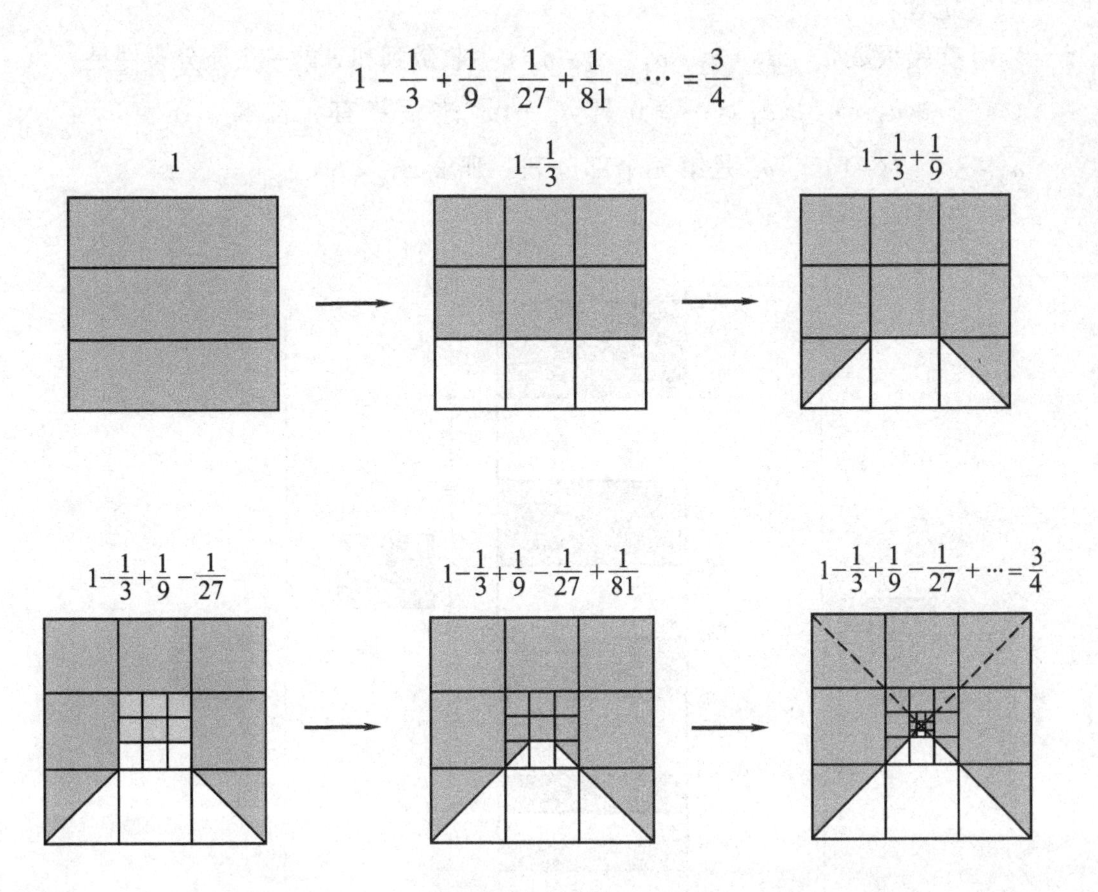

——哈桑·乌纳尔（Hasan Unal）

交错级数审敛法

定理：

交错级数 $a_1-a_2+a_3-a_4+a_5-a_6+\cdots$ 收敛到和 S 的一个充分条件是．

$a_1\geqslant a_2\geqslant a_3\geqslant a_4\geqslant\cdots\geqslant 0$ 且 $a_n\to 0$. 进一步有，若 $S_n=a_1-a_2+a_3-\cdots+(-1)^{n+1}a_n$ 是第 n 个部分和，那么 $S_{2n}<S<S_{2n+1}$.

证明：

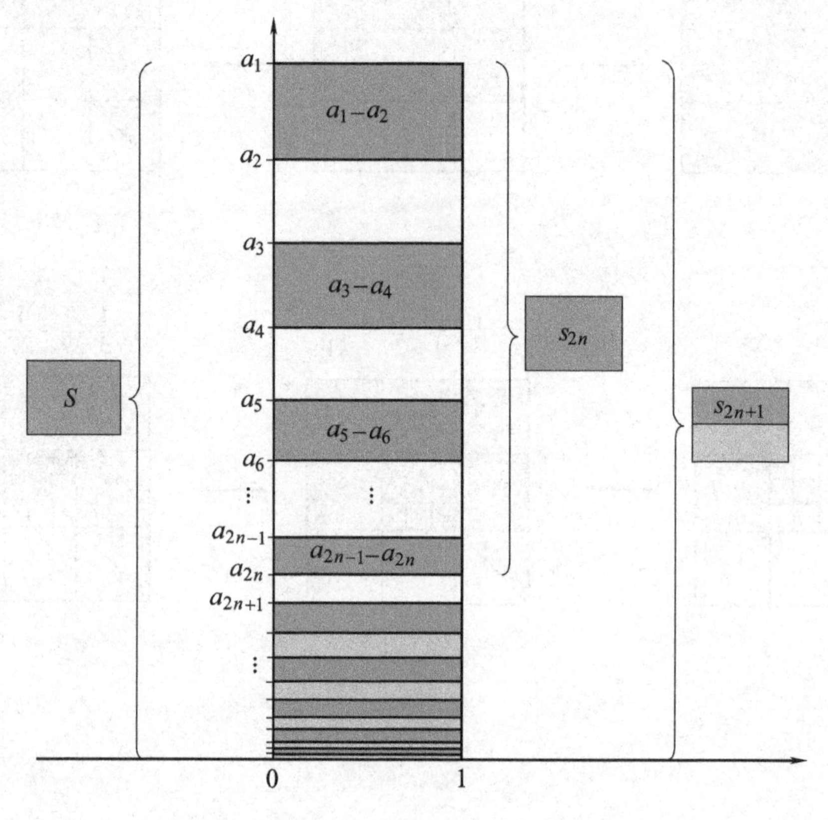

——理查德 · 哈马克，戴维 · 莱昂斯（Richard Hammack & David Lyons）

交错调和级数 II

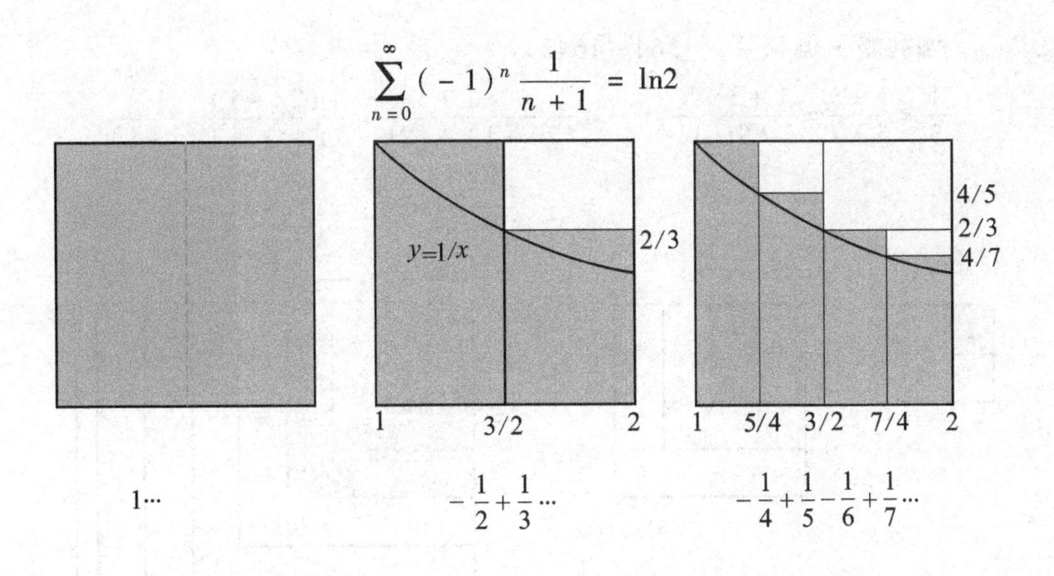

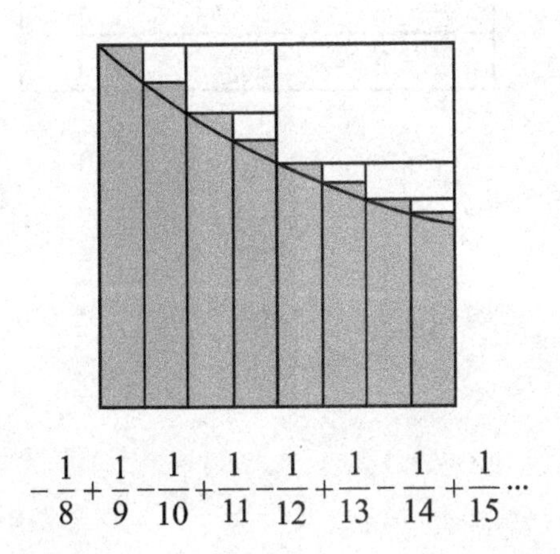

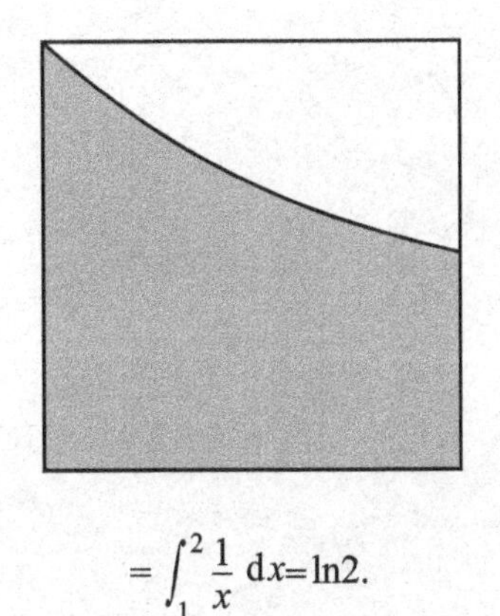

——马特·赫德尔森（Matt Hudelson）

伽利略比值Ⅱ

伽利略·伽利莱（1564—1642）

$$\frac{1}{3}=\frac{1+3}{5+7}=\frac{1+3+5}{7+9+11}=\cdots=\frac{1+3+\cdots+(2n-1)}{(2n+1)+(2n+3)+\cdots+(4n-1)}$$

$$=\frac{n^2}{(2n)^2-n^2}=\frac{n^2}{3n^2}=\frac{1}{3}$$

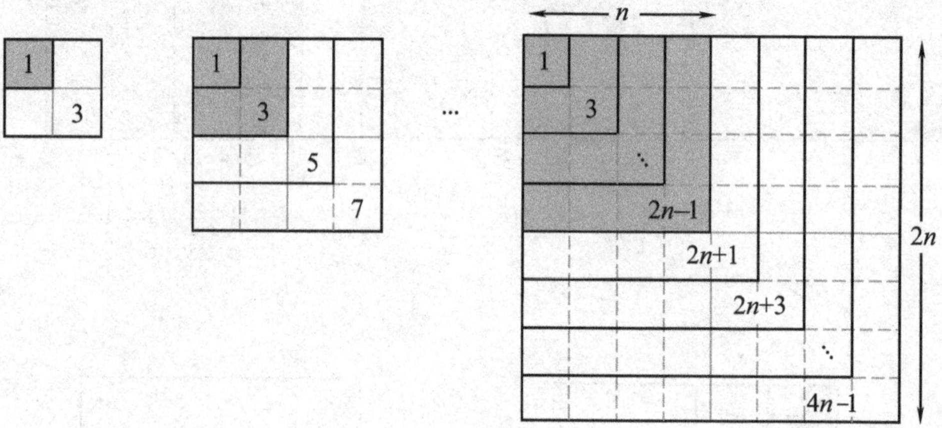

——阿非尼尔·弗洛雷斯，休 A. 桑德斯

（Alfinio Flores & Hugh A. Sanders）

把筝形裁成扇形

$$面积: \sum_{n=1}^{\infty} \frac{2^n[1-\cos(x/2^n)]^2}{\sin(x/2^{n-1})} = \tan\left(\frac{x}{2}\right) - \frac{x}{2}, \quad |x| < \pi$$

$$边长: 2\sum_{n=1}^{\infty} \frac{1-\cos(x/2^n)}{\sin(x/2^{n-1})} = \tan\left(\frac{x}{2}\right), \quad |x| < \pi$$

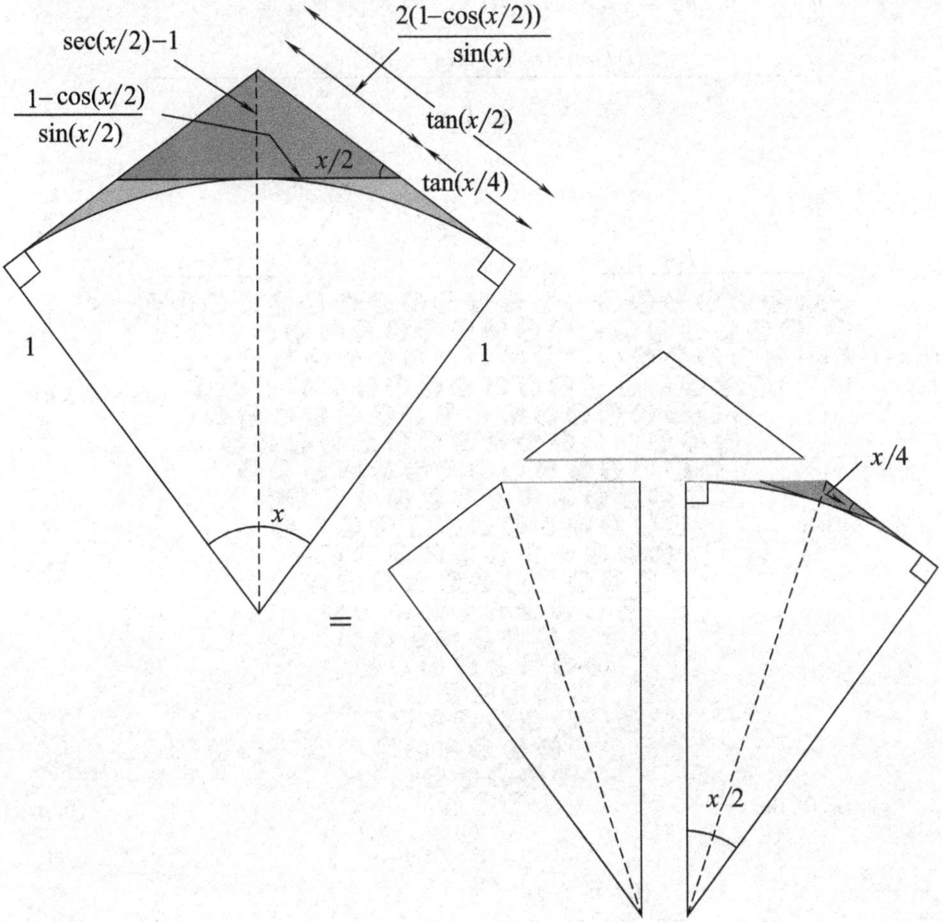

——马克·钱伯兰（Marc Chamberland）

非负整数解与三角形数

对于0到n之间（包括0到n）的整数$i.j.k$，方程$x+y+z=n$中满足$x\leqslant i$，$y\leqslant j$，$z\leqslant k$的非负整数解的个数是

$$t_{i+j+k-n+1}-t_{j+k-n}-t_{i+k-n}-t_{i+j-n}.$$

这里$t_m=1+2+\cdots+m$是第m个三角形数，若$m\leqslant 0$则规定$t_m=0$.

以（n，i，j，k）=（23，15，11，17）为例；

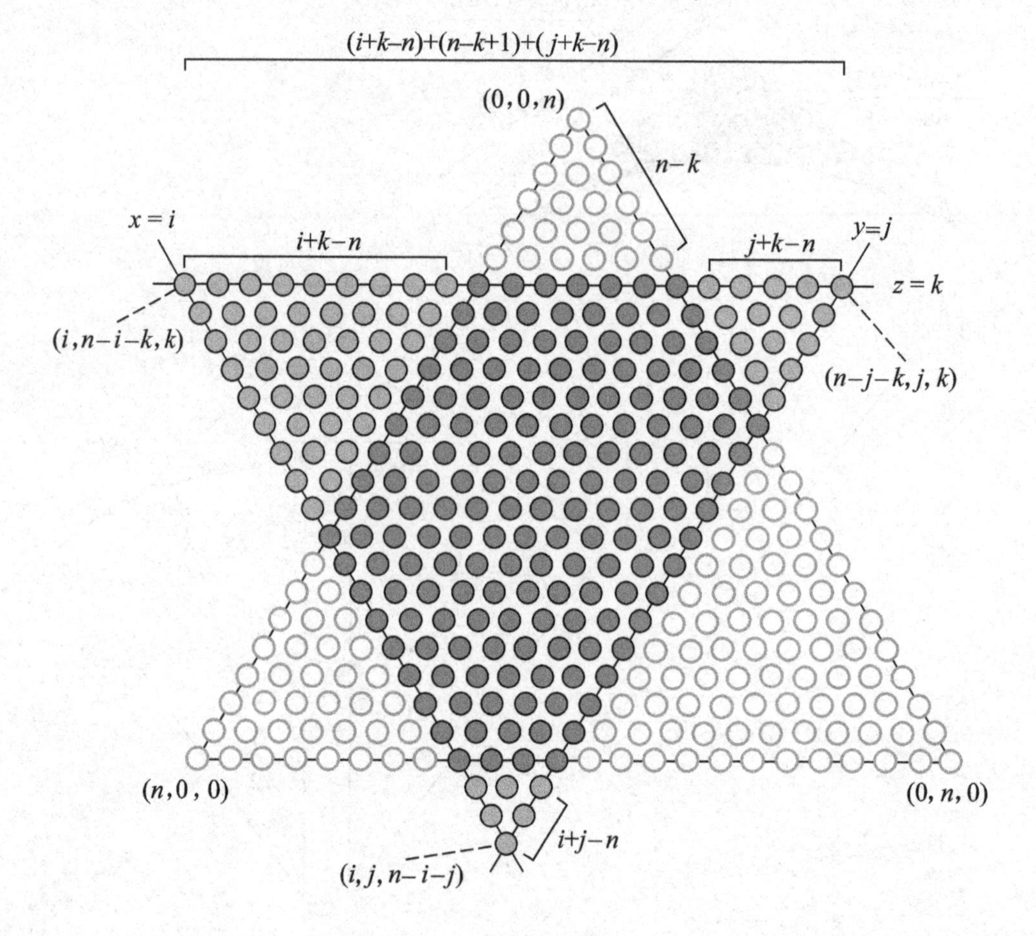

——马修 J. 海恩斯，迈克尔 A. 琼斯

（Matthew J. Haines & Michael A. Jones）

分割蛋糕

把一块表面带糖的长方形蛋糕切成 n 块，使得每个人得到相同数量的糖和蛋糕.

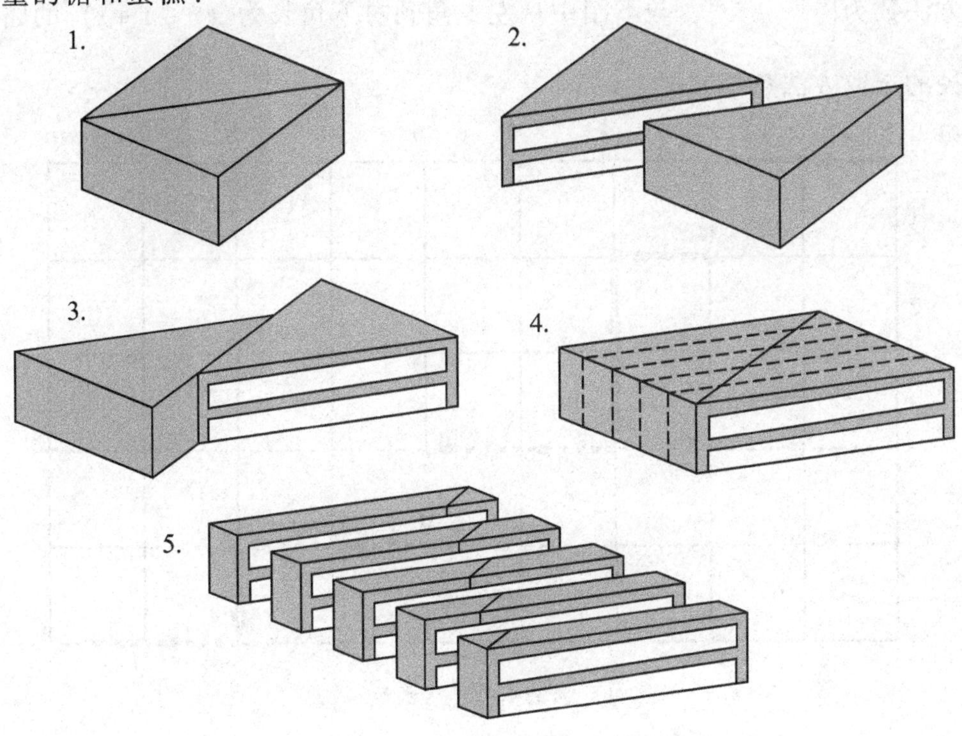

——尼古拉斯 · 桑福德（Nicholaus Sanford）

可重复的无序选择的数目

定理：从 n 种不同物体中可重复且不分顺序地选择 r 个物体的选择方法数为$\binom{n-1+r}{r}$，与下图中从左上角到右下角长为（$n-1+r$）的路径的选取方法数相同.

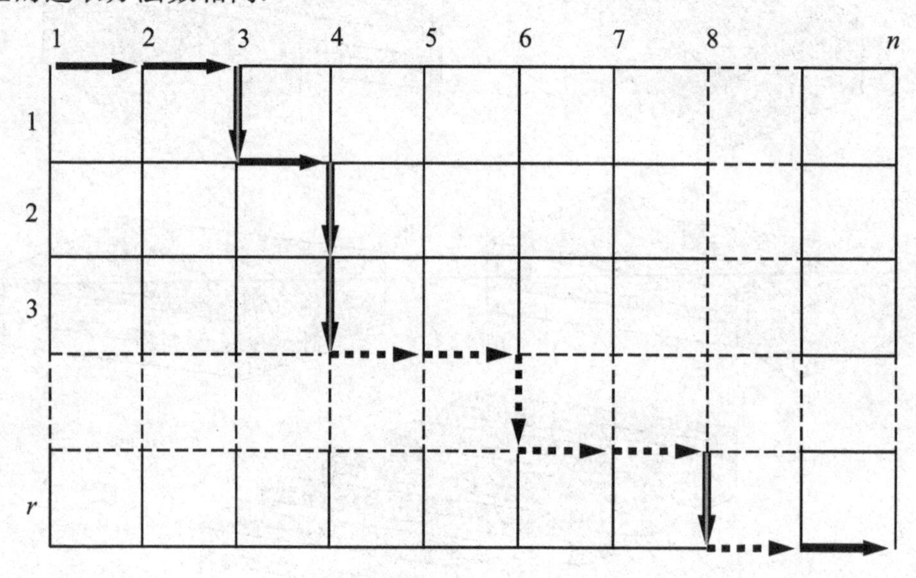

选3, 4, 4, ⋯, 6, ⋯, 8.

——德里克·克里斯蒂（Derek Christie）

一道普特南数学竞赛题的无字证明

(2004 年第 65 届年度威廉·洛厄尔·普特南数学竞赛，题目 A1)

篮球球星沙尼尔·奥基尔 (Shanille O'Keal) 所在球队的统计学家计算他自本赛季开赛以来前 N 次罚球的命中次数 $S(N)$. 已知赛季开始不久，$S(N)$ 小于 N 的 80%，但赛季结束时，$S(N)$ 大于 N 的 80%. 是否必然存在某一时刻满足 $S(N)$ 恰好等于 80%？

答案：是的.

证明：

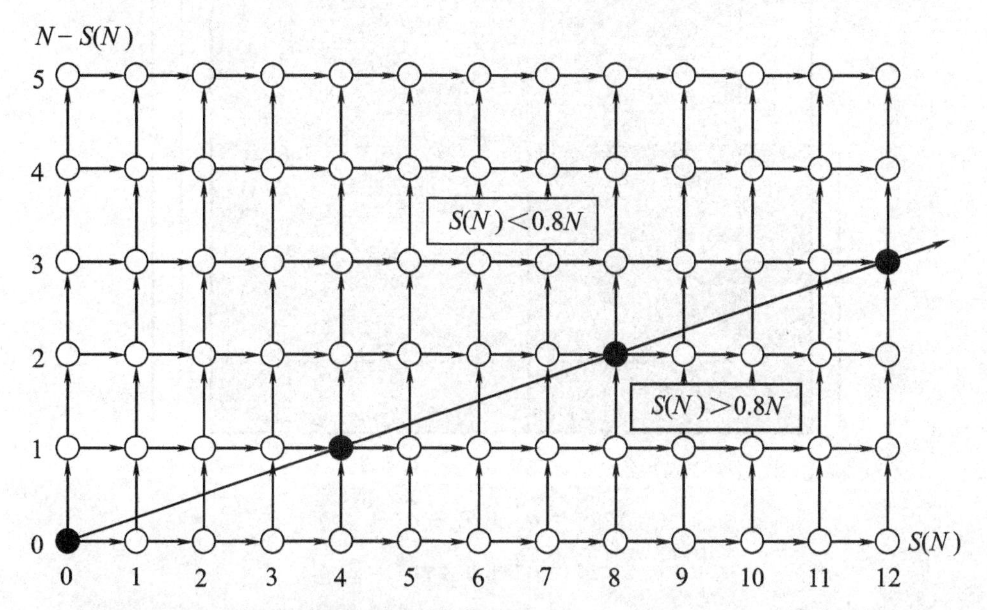

练习：(a) 假设赛季刚开始莎厄尔有 $S(N)>0.8N$，结束时 $S(N)<0.8N$，问题的答案又会如何？

(b) 原题中的 80% 还能换成哪些数？

——罗伯特 J. 马克 G. 道森 (Robert J. Mac G. Dawson)

毕达哥拉斯三元组

定理. 存在一个毕达哥拉斯三元组和偶平方数分解式 $n^2=2pq$ 之间的一一对应.

使用容斥原理证明，以 $6^2=2\cdot 2\cdot 9$ 为例.

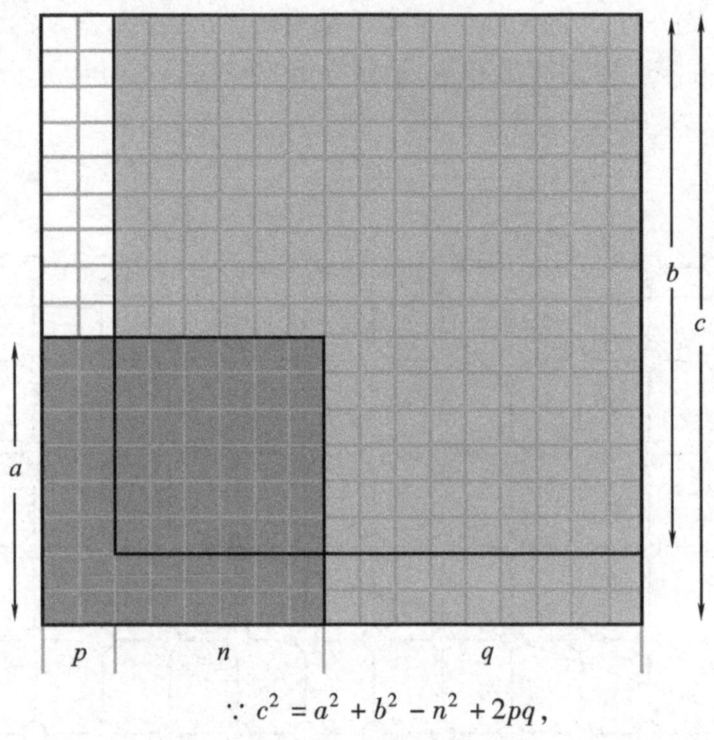

$$\because c^2=a^2+b^2-n^2+2pq,$$
$$\therefore c^2=a^2+b^2 \Leftrightarrow n^2=2pq.$$

——乔斯 A. 戈麦斯（José A. Gomez）

毕达哥拉斯四元组

一个毕达哥拉斯四元组指的是正整数组（a，b，c，d）满足 $a^2+b^2+c^2=d^2$. 下面的公式可以生成无穷多个毕达哥拉斯四元组

$$(m^2+p^2-n^2)^2+(2mn)^2+(2pn)^2=(m^2+p^2+n^2)^2.$$

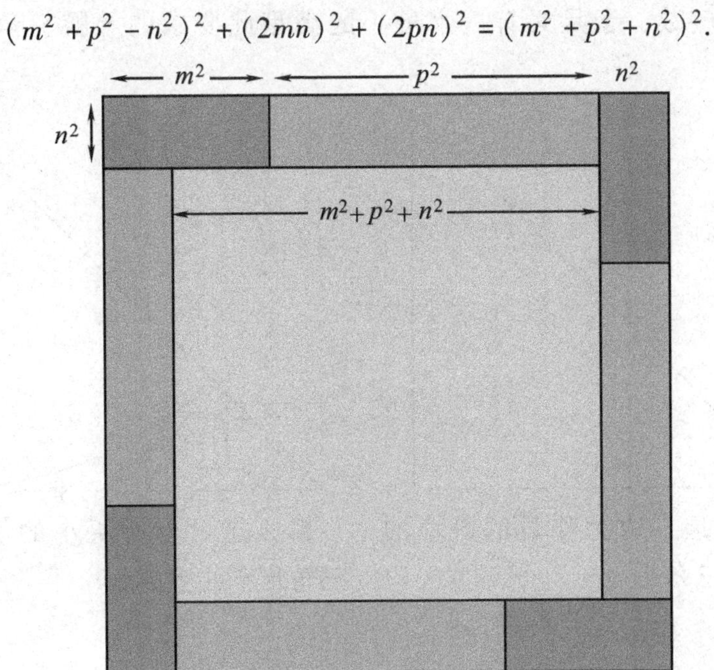

注：尽管这个公式可以生成无穷多个毕达哥拉斯四元组，但是它不能生成所有的毕达哥拉斯四元组，例如，它不能生成（2，3，6，7）. 一个可以生成所有解的公式为

$$(m^2+n^2-p^2-q^2)^2+(2mq+2np)^2+(2nq-2mp)^2=(m^2+n^2+p^2+q^2)^2.$$

——罗杰　B. 尼尔森（RBN）

$\sqrt{2}$的无理性

根据毕达哥拉斯定理，一个直角边长为 1 的等腰直角三角形斜边长为$\sqrt{2}$. 如果$\sqrt{2}$是有理数，那么三边长同时乘以一个合适的正整数可以都化为整数，于是必有一个最小的满足此要求的等腰直角三角形. 然而

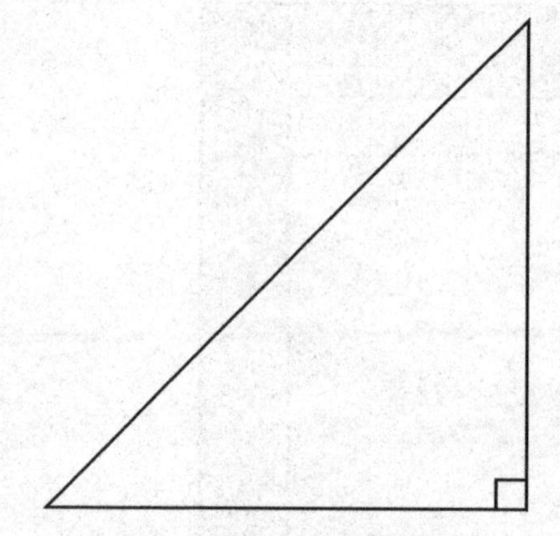

如果这是三边为整数的最小的等腰直角三角形，

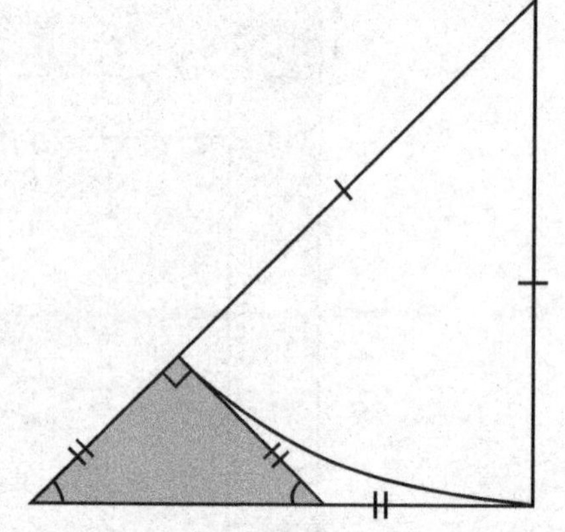

那么还可以有更小的等腰直角三角形满足要求.

因此，$\sqrt{2}$不可能是有理数.

——汤姆 M. 阿波斯托尔（Tom M. Apostol）

Z × Z 是可数集

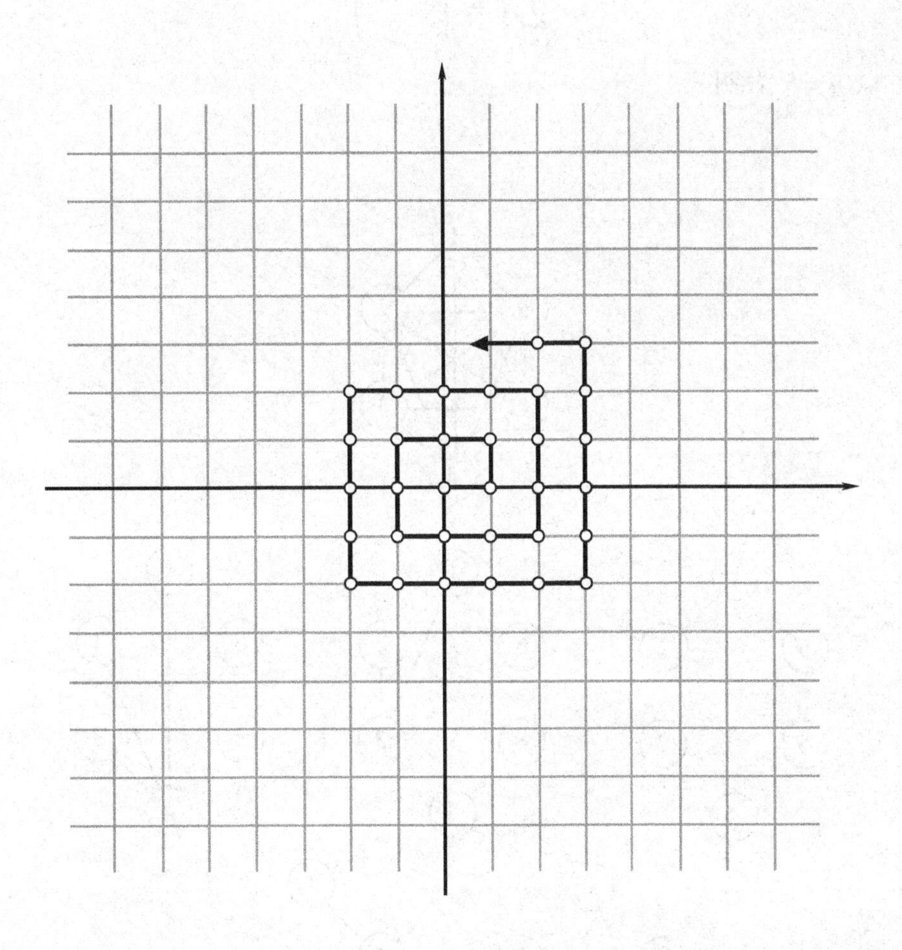

——德斯·麦克海尔（Des MacHale）

前 n 个整数的图论式求和

$$\sum_{i=1}^{n} i = \binom{n+1}{2}$$

以 $n=5$ 为例.

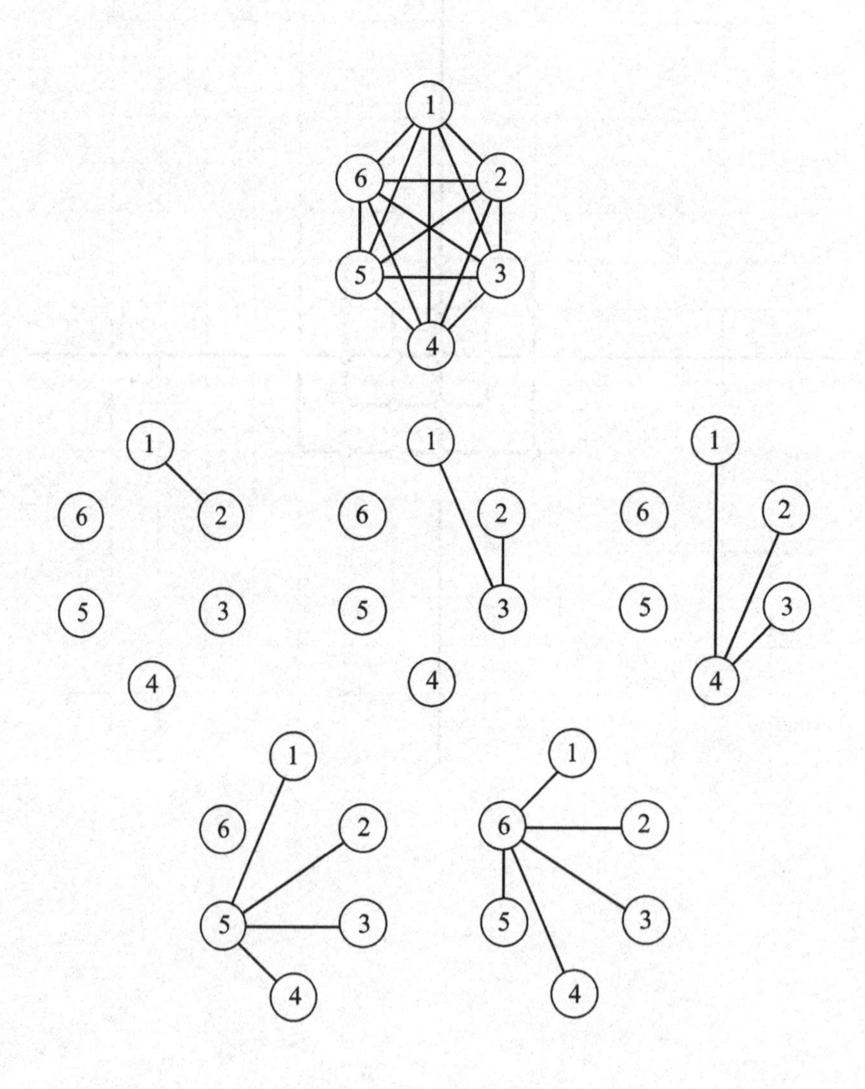

——乔・德梅约，乔伊・泰森（Joe DeMaio & Joey Tyson）

二项式系数的图论式分解

$$\binom{n+m}{2}=\binom{n}{2}+\binom{m}{2}+nm$$

以 $n=5$，$m=3$ 为例.

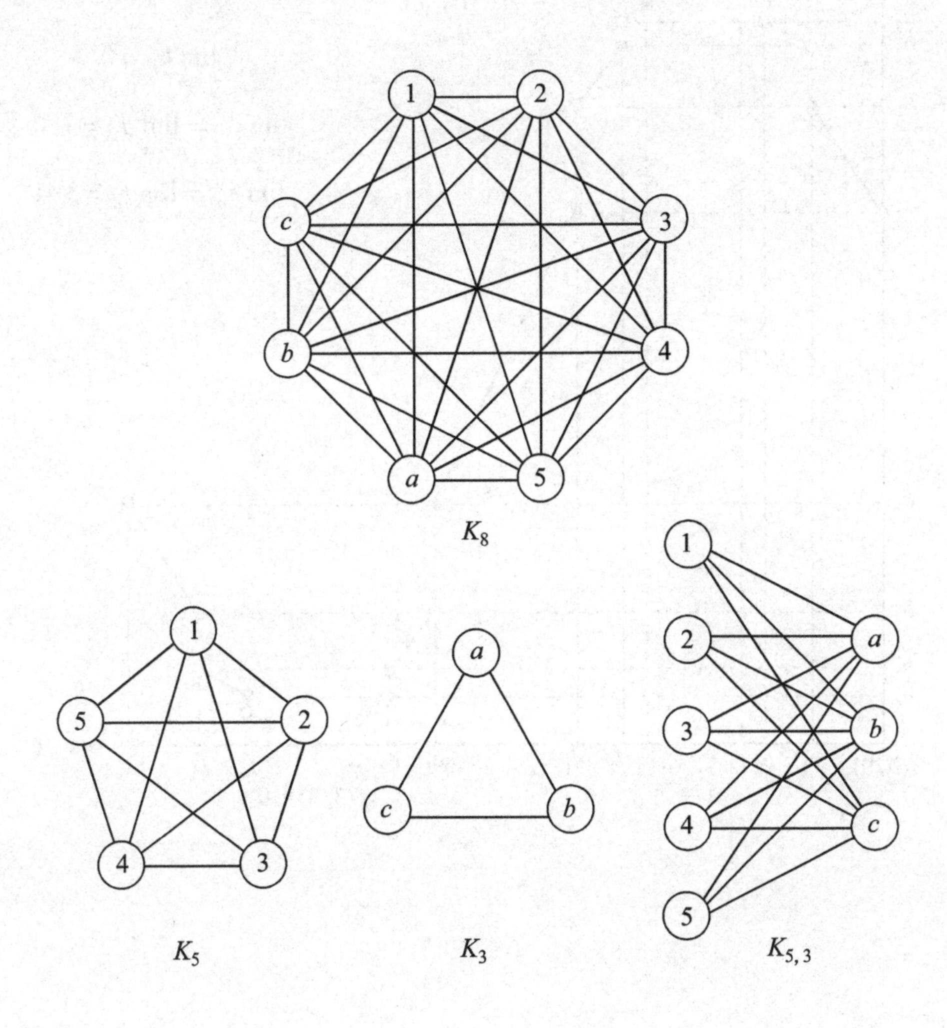

——乔·德梅约（Joe DeMaio）

(0,1)和[0,1]有相同的势

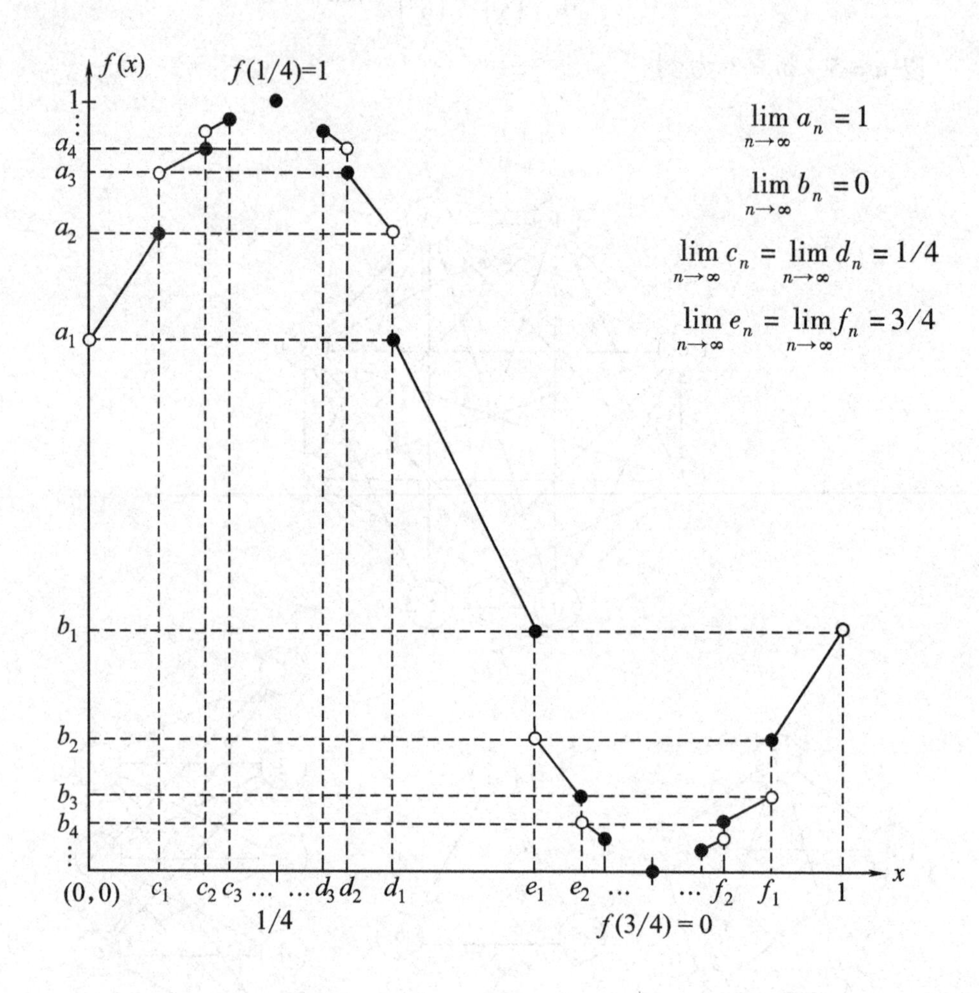

——凯文·休斯，托德 K. 佩尔蒂埃（Kevin Hughes & Todd K. Pelletier）

不动点定理

一维情形下的不动点定理有一种可谓是最漂亮的图形化论证之一：设 f 是 $0 \leqslant x \leqslant 1$ 上连续递增函数，满足 $0 \leqslant f(x) \leqslant 1$. 设 $f_2 = f(f(x))$，$f_n(x) = f(f_{n-1}(x))$. 在 f 的重复作用下每个点要么是不动点，要么收敛到一个不动点．对于专家来说，证明只需要下面这幅图就够了：

一个数学家的集锦（1953）

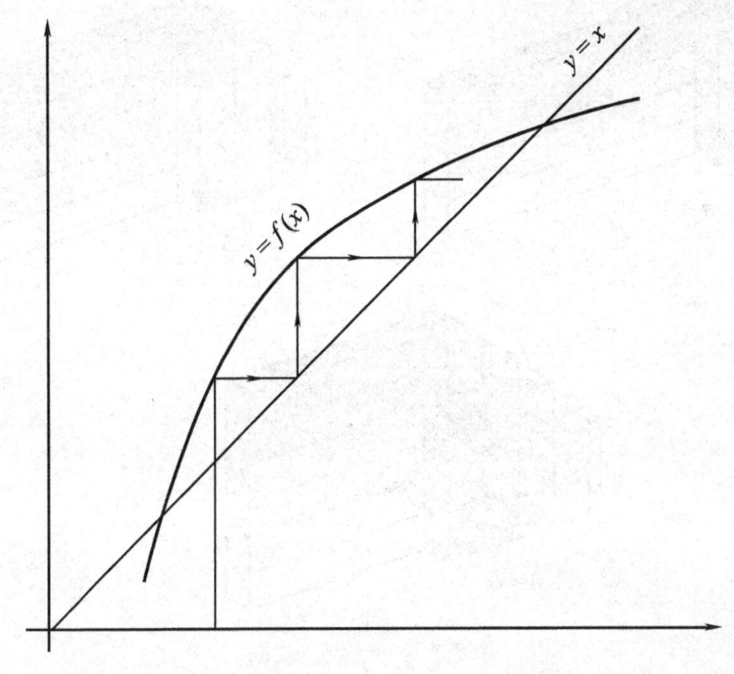

——约翰·恩瑟·利特尔伍德（John Edensor Littlewood）

在空间中，四种颜色是不够的

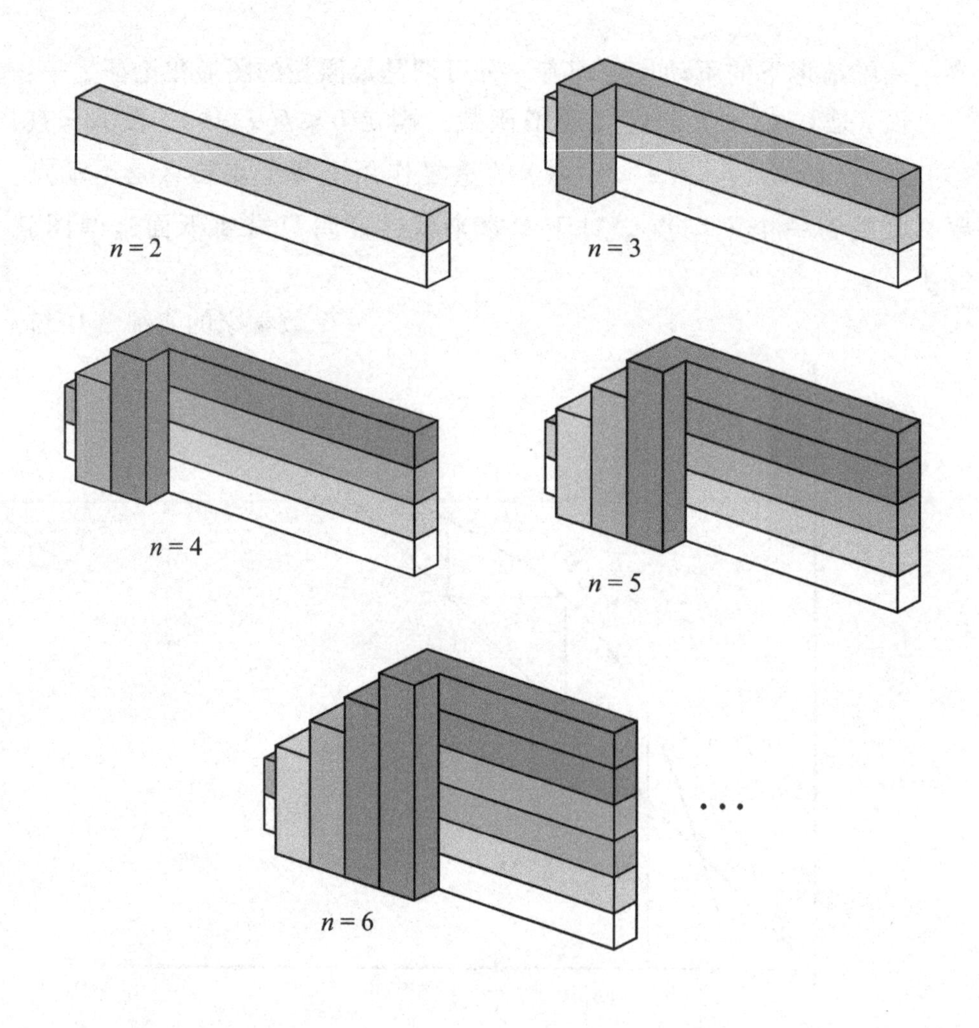

——克劳迪 · 阿尔西纳 · 罗杰 B. 尼尔森（Claudi Alsina & RBN）

文献索引

几何与代数

3 *Mathematics Magazine*, vol. 74, no. 2 (April 2001), p. 153.

5 *College Mathematics Journal*, vol. 46, no. 1 (Jan. 2015), p. 51.

6 *College Mathematics Journal*, vol. 43, no. 3 (May 2012), p. 226.

7 *Great Moments in Mathematics* (*Before* 1650). MAA, 1980, pp. 37 – 38.

8 *Mathematics Magazine*, vol. 82, no. 5 (Dec. 2009), p. 370.

9 *The Changing Shape of Geometry*,, MAA, 2003, pp. 228 – 231.

10 *College Mathematics Journal*, vol. 34, no. 2 (March 2003), p. 172.

11 *College Mathematics Journal*, vol. 35, no. 3 (May 2004), p. 215.

12 *College Mathematics Journal*, vol. 41, no. 5 (Nov. 2010), p. 370.

13 *College Mathematics Journal*, vol. 41, no. 5 (Nov. 2010), p. 370.

14 *College Mathematics Journal*, vol. 45, no. 3 (May 2014), p. 198.

15 *College Mathematics Journal*, vol. 45, no. 3 (May 2014), p. 216.

16 *College Mathematics Journal*, vol. 32, no. 4 (Sept. 2001), pp. 290 – 292.

17 *Mathematics Magazine*, vol. 75, no. 2 (April 2002), p. 138.

18 *Mathematics Magazine*, vol. 80, no. 3 (June 2007), p. 195.

19 *Mathematics Magazine*, vol. 81, no. 5 (Dec. 2008), p. 366.

20 *Mathematics Magazine*, vol. 74, no. 4 (Oct. 2001), p. 313.

21 *Mathetnarics Magazine*, vol. 78, no. 3 (June 2005), p. 213.

22 *Great Moments in Mathematics* (*Before* 1650). MAA, 1980, pp. 99 – 100.

23 *College Mathematics Journal*, vol. 43, no. 5 (Nov. 2012), p. 386.

24 *Mathematics Magazine*, vol. 76, no. 5 (Dec. 2003), p. 348.

25 *College Mathematics Journal*, vol. 44, no. 4 (Sept. 2013), p. 322.

26 *Teaching Mathematics and Computer Science*, 1/1 (2003), pp. 155 – 156.

27 *Mathematics Magazine*, vol. 86, no. 2 (April 2013), p. 146.

28 http: //mathpuzzle. com/Equtripr. htm

29 *Mathematics Magazine*, vol. 79, no. 2 (April 2006), p. 121.

30 *Mathematics Magazine*, vol. 75, no. 3 (June 2002), p. 214.

31 *Charming Proofs*, MAA, 2010, p. 80.

32 *Mathematics Magazine*, vol. 82, no. 3 (June 2009), p. 208.

33 http://www.uxl.eiu.edu/~cfdmb/ismaa/ismaa01sol.pdf

34 http://www.maa.org/publications/periodicals/loci/trisecting-a-line-segment-with-world-record-efficiency

36 *Mathematics Magazine*, vol. 77, no. 2 (April 2004), p. 135.

38 *Mathematics Magazine*, vol. 82, no. 5 (Dec. 2009), p. 359.

39 *Journal of Recreational Mathematics*, vol. 8 (1976), p. 46.

40 *Mathematics Magazine*, vol. 75, no. 2 (April 2002), p. 144.

41 *Mathematics Magazine*, vol. 75, no. 2 (April 2002), p. 130.

42 *Mathematics Magazine*, vol. 80, no. 1 (Feb. 2007), p. 45.

43 *College Mathematics Journal*, vol. 48, no. 1 (Jan. 2015), p. 10.

44 *Icons of Mathematics*, MAA, 2011, pp. 139-140.

45 *Mathematics Magazine*, vol. 75, no. 4 (Oct. 2002), p. 316.

46 http://pomp. tistory, com/887

47 *Mathematical Gazette*, vol. 85, no. 504 (Nov. 2001), p. 479.

48 *College Mathematics Journal*, vol. 45, no. 2 (March 2014), p. 115.

49 *College Mathematics Journal*, vol. 45, no. 1 (Jan. 2014), p. 21.

50 *Mathematics Magazine*, vol. 78, no. 2 (April 2005), p. 131.

三角，微积分与解析几何

53 *College Mathematics Journal*, vol. 33, no. 5 (Nov. 2002), p. 383.

54 *Mathematics Magazine*, vol. 75, no. 5 (Dec. 2002), p. 398.

55 I. *College Mathematics Journal*. vol. 45, no. 3 (May 2014), p. 190.

II. *College Mathematics Journal*, vol. 45, no. 5 (Nov. 2014), p. 370.

56 *College Mathematics . lountal*, vol. 41, no. 5 (Nov. 2010), p. 392.

57 *College Mathematics Journal*. vol. 33, no. 4 (Sept. 2002), p. 345.

58 *Mathematics Magazine*. vol. 74, no. 2 (April 2001), p. 135.

59 *Mathematics Magazine*, vol. 85, no. 1 (Feb. 2012), p. 43.

60 *College Mathematics Journal*, vol. 35, no. 4 {Sept. 2004), p. 282.

61 *College Mathematics Journal*, vol. 33, no. 4 (Sept. 2002), pp. 318-319.

62 *College Mathematics Journal*. vol. 34, no. 4 {Sept. 2003), p. 279.

64 *College Mathematics Journal*, vol. 45, no. 5 {Nov. 2014), p. 376.

66 *Mathematics Magazine*, vol. 74, no. 2 (April 2001), p. 161.

67 *American Mathematical Monthly*, vol. 27, no. 2 (Feb. 1920). pp. 53-54.

68 *College Mathematics Journal*, vol. 33, no. 2 (March 2002), p. 130.

69 *Mathematics Magazine*, vol. 88, no. 2 (April 2015), p. 151.

70 *College Mathematics Journal*, vol. 32, no. 4 (April 2001), p. 291.

71 *Mathematics Magazine*, vol. 75. no. 1 (Feb. 2002), p. 40.

72 *College Mathematics Journal*. vol. 34, no. 3 (May 2003), p. 193.

73 I. *College Mathematics Journal*, vol. 33, no. 1 (Jan. 2002), p. 13.

II. *College Mathematics Journal*, vol. 34, no. 1 (Jan. 2003). p. 10.

74 *College Mathematics Journal*, vol. 34, no. 2 (March 2003), pp. 115, 138.

75 *Mathematics Magazine*, vol. 86, no. 5 (Dec. 2013), p. 350.

76 *College Mathematics Journal*, vol. 32, no. 1 (Jan. 2001), p. 69.

77 *Mathematics Magazine*, vol. 77, no. 3 (June 2004), p. 189.

78 *Mathematics Magazine*, vol. 77, no. 4 (Oct. 2004), p. 259.

80 *American Mathematical Monthly*, vol. 96, no. 3 (March 1989), p. 252.

81 *College Mathematics Journal*, vol. 32, no. 1 (Jan. 2001), p. 14.

82 *Mathematics Magazine*, vol. 77, no. 5 (Dec. 2004), p. 393.

83 *Mathematics Magazine*, vol. 74, no. 1 (Feb. 2001), p. 59.

84 *Icons of Mathematics*, MAA, 2011, pp. 251, 305.

85 *Mathematics Magazine*, vol. 74, no. 5 (Dec. 2001), p. 393.

86 *Mathematics Magazine*, vol. 74, no. 1 (Feb. 2001), p. 55.

87 *College Mathematics Journal*, vol. 32, no. 5 (Nov. 2001), p. 368.

88 *Mathematical Gazette*, vol. 80, no. 489 (Nov. 1996), p. 583.

89 *College Mathematics Journal*, vol. 36, no. 2 (March 2005), p. 122.

90 *College Mathematics Journal*, vol. 33, no. 4 (Sept. 2002), p. 278.

不等式

93 I. *An Introduction to Inequalities*, MAA, 1975, p. 50.

II. *College Mathematics Journal*, vol. 31, no. 2 (March 2000), p. 106.

94 *College Mathematics Journal*, vol. 46, no. 1 (Jan. 2015), p. 42.

95 *College Mathematics Journal*, vol. 32, no. 2 (March 2001), pp. 118.

96 *Mathematics Magazine*, vol. 77, no. 1 (Feb. 2004), p. 30.

97 *Math Horizons*, Nov. 2003, p. 8.

98 *Mathematics Magazine*, vol. 81, no. 1 (Feb. 2008), p. 69.

99 *Mathematics Magazine*, vol. 88, no. 2 (April 2015), pp. 144-145.

101 *Mathematics Magazine*, vol. 87, no. 4 (Oct. 2011), p. 291.

102 *College Mathematics Journal*, vol. 44, no. 1 (Jan. 2013), p. 16.

103 *Mathematics Magazine*, vol. 80, no. 5 (Dec. 2007), p. 344.

I04 *College Mathematics Journal*, vol. 43, no. 5 (Nov. 2012), pp. 376.

105 *Mathematics Magazine*, vol. 83, no. 2 (April 2010), p. 110.

106 *Mathematics Magazine*, vol. 84, no. 3 (June 2011), p. 228.

107 *Mathematics Magazine*, vol. 79, no. 1 (Feb. 2008), p. 53.

108 *Mathematics Magazine*, vol. 82, no. 2 (April 2009), p. 102.

109 *Mathematics Magazine*, vol. 74, no. 5 (Dec. 2001), p. 399.

110 *College Mathematics Journal*, vol. 39, no. 4 (Sept. 2008), p. 290.

整数求和

113 *Math Made Visual*, MAA, 2006, p. 4.

114 *Tangente* n° 115 (Mars-Avril 2007), p. 10.

115 *Mathematics Magazine*, vol. 78, no. 5 (Dec. 2005), p. 385.

116 *Mathematical lntelligencer*, vol. 22, no. 3 (Summer 2000), p. 47-49.

117 *College Mathematics Journal* vol. 31, no. 5 (Nov. 2000), p. 392.

118 *College Mathematics Journal*, vol. 45, no. 1 (Jan. 2014), p. 16.

119 *Mathematics Magazine*, vol. 80, no. 1 (Feb. 2007), pp. 74-75.

120 *Mathematics Magazine*, vol. 74, no. 4 (Oct. 2001), pp. 314-315.

121 *College Mathematics Journal*, vol. 45, no. 5 (Nov. 2014), p. 349.

122 *College Mathematics Journal*, vol. 44, no. 4 (Sept. 2013), p. 283.

123 *Mathematical lntelligencer*, vol. 24, no. 4 (Fall 2002), pp. 67-69.

124 *College Mathematics Journal*, vol. 33, no. 2 (March 2002), p. 171.

125 *Mathematics Magazine*, vol. 76, no. 2 (April 2003), p. 136.

126 *Mathematics Magazine*, vol. 85, no. 5 (Dec. 2012), p. 360.

127 *College Mathematics Journal*, vol. 45, no. 2 (March 2014), p. 135.

128 *Charming Proofs*, MAA, 2010, pp. 18, 240.

129 *Mathematics Magazine*, vol. 81, no. 4 (Oct. 2008), p. 302.

130 *Mathematics Magazine*, vol. 84, no. 4 (Oct. 2011), p. 295.

131 *Mathematics Magazine*, vol. 86, no. 1 (Feb. 2013), p. 55.

132 I. *Math Made Visual*, MAA, 2006, pp. 18, 147.

II. *Charming Proofs*, MAA, 2010, p. 14.

133 *Mathematics Magazine*, vol. 77, no. 3 (June 2004), p. 200.

134 *College Mathematics Journal*, vol. 40, no. 2 (March 2009), p. 86.

135 *Mathematics and Computer Education*, vol. 31, no. 2 (Spring 1997), p. 190.

136 *Mathematics Magazine*, vol. 77, no. 5 (Dec. 2004), p. 373.

137 *Mathematics Magazine*, vol. 79, no. 1 (Feb. 2006), p. 44.

138 *Mathematics Magazine*, vol. 78, no. 3 (June 2005), p. 231.

139 *Mathematics Magazine*, vol. 80, no. 1 (Feb. 2007), p. 76.

140 *Mathematics Magazine*, vol. 85, no. 5 (Dec. 2012), p. 373.

141 *College Mathematics Journal*, vol. 46, no. 2 (March 2015), p. 98.

142 *College Mathematics Journal*, vol. 44, no. 3 (May 2013), p. 189.

143 *College Mathematics Journal*, vol. 16, no. 5 (Nov. 1985), p. 375.

144 *Mathematics Magazine*, vol. 79, no. 1 (Feb. 2006), p. 65.

145 *College Mathematics Journal*, vol. 34, no. 4 (Sept. 2003), p. 295.
146 *Mathematics Magazine*, vol. 77, no. 5 (Dec. 2004), p. 395.
147 *Mathematics Magazine*, vol. 78, no. 5 (Dec. 2005), p. 395.
148 *Mathematics Magazine*, vol. 79, no. 4 (Oct. 2006), p. 317.
150 *College Mathematics Journal*, vol. 41, no. 2 (March 2010), p. 100.

无穷级数及其他议题

153 I. *College Mathematics Journal*, vol. 32, no. 1 (Jan. 2001), p. 19.
II. http://lsusmath.rickmabry.org/rmabry/fivesquares/fsq2.gif
154 *College Mathematics Journal*, vol. 39, no. 2 (March 2008), p. 106.
155 *Mathematics Magazine*, vol. 79, no. 1 (Feb. 2006), p. 60.
156 *College Mathematics Journal*, vol. 32, no. 2 (March 2001), p. 109.
157 *Mathematics Magazine*, vol. 74, no. 4 (Oct. 2001), p. 320.
158 *College Mathematics Journal*, vol. 32, no. 4 (Sept. 2001), p. 257.
159 *American Mathematical Monthly*, vol. 109, no. 6 (June-July 2002), p. 524.
160 *College Mathematics Journal*, vol. 43, no. 5 (Nov. 2012), p. 370.
161 *College Mathematics Journal*, vol. 40, no. 1 (Jan. 2009), p. 39.
162 *College Mathematics Journal*, vol. 36, no. 1 (Jan. 2005), p. 72.
163 *Mathematics Magazine*, vol. 83, no. 4 (Oct. 2010), p. 294.
164 *College Mathematics Journal*, vol. 36, no. 3 (May 2005), p. 198.
165 *Mathematics Magazine*, vol. 73, no. 5 (Dec. 2000), p. 363.
166 *Mathematics Magazine*, vol. 75, no. 5 (Dec. 2002), p. 388.
167 *Mathematics Magazine*, vol. 75, no. 4 (Oct. 2002), p. 283.
168 *Mathematics Magazine*, vol. 79, no. 5 (Dec. 2006), p. 359.
169 *Mathematics Magazine*, vol. 79, no. 2 (April 2006), p. 149.
170 *Mathematics Magazine*, vol. 78, no. 1 (Feb. 2005), p. 14.
171 *College Mathematics Journal*, vol. 45, no. 3 (May 2014), p. 179.
172 *American Mathematical Monthly*, vol. 107, no. 9 (Nov. 2000), p. 841.
173 *Mathematics Magazine*, vol. 77, no. 1 (Feb. 2004), p. 55.
174 *College Mathematics Journal*, vol. 38, no. 4 (Sept. 2007), p. 296.
175 *Mathematics Magazine*, vol. 80, no. 3 (June 2007), p. 182.
176 *Mathematics Magazine*, vol. 78, no, 3 (June 2005), p. 226.
177 *Littlewood' s Miscellany*, Cambridge U. Pr., 1986, p. 55.
178 *A Mathematical Space Odvssey*, MAA, 2015, pp. 127-128.

注：本书中一些无字证明（P4，35，63，79 及 100）并没有在这里列出，是因为它们并未在以前出现在出版物中.

英文人名索引

Alsina, Claudi 6, 12, 13, 26, 59, 96, 99, 101, 106, 127, 178
Apostol, Tom M. 172
Arcavi, Abraham 117
Archimedes 40, 41, 120
Azarpanah, F. 82

Barry, P. D. 76
Bayat, M. 78
Beckenbach, Edwin 93
Bellman, Richard 93
Benjamin, Arthur T. 115
Bode, Matthew 54
Bradie, Brian 61

Candido, Giacomo 50
Cauchy. Augustin-Louis 96-99
Chamberland, Marc 25, 86, 165
Chen, Mingjang 136
Cheney Jr., William F. 67
Christie, Derek 168

Dawson, Robert J. MacG. 169
DeMaio, Joe 174, 175
Derrick, William 23
Deshpande, M. N. 32
Duval, Timothée 114

Euler, Leonhard 57, 77

Fan, Xingya 104
Ferlini, Vincent 83
Fibonacci, Leonardo 128 - 132
Flores, Alfinio 93, 117, 164
Galileo Cralilei 164
Goldberg, Don 57
Goldoni, Giorgio 123
Gomez, José A. 3, 170
Griffiths, Martin 150

Haines, Matthew J. 145, 166
Hammack, Richard 162
Hartig, Donald 80
Hassani, M. 78
Heron of Alexandria 16
Hippocrates of Chios 44 - 45
Hirstein, James 23
Hoehn, Larry 9, 60
Hudelson, Matt 163
Hughes, Kevin 176
Hutton, Charles 75

Jacobsthal, Ernst Erich 150
Jiang, Wei-Dong 103
Johnson, Craig M. 156
Jones, Michael A. 145, 166

Kalajdzievski, Sasho 116
Kandall, Geoffrey 73
Kanim, Katherine 120
Kawasaki, Ken-ichiroh 21
Kifowit, Steven J. 89

Kirby, James 53
Kobayashi, Yukio 47, 48, 81, 142
Kocik. Jerzy 109
Kung, Sidney H. 17, 30, 85, 90, 98, 102
Kungozhin, Madeubek 102

Laosinchai, Parames 126
Larson, Loren 143
Lawes, C. Peter 27
Littlewood, John Edensor 177
Lord, Nick 88
Lyons, David 162

Mabry, Rick 153
MacHale, Des 19, 173
Mahmood, Munir 49
Markov, Andrei Andreyevich 110
Mollweide, Karl 62
Monreal, Amadeo 26
Moran Cabre, Manuel 10

Nam Gu Heo 5
Newton, Isaac 63

Okuda, Shingo 58
Ollerton, Richard L. 129

Padoa, Alessandro 107
Pappus of Alexandria 7, 96
Park, Poo-Sung 46
Pelletier, Todd K. 176
Plaza, Ángel 18, 119, 131, 139
Pratt, Rob 105
Ptolemy of Alexandria 22, 23, 101, 102
Putnam, William Lowell 169
Pythagoras of Samos 3 - 15, 170, 171

Ren Guanshen 14, 15
Richard, Philippe R. 24
Richeson, David 55
Romero Márquez, Juan-Bosco 95
Sanders, Hugh A. 164
Sanford, Nicholaus 167
Schwarz, Herman Amadeus 96-99
Sher, David B. 135
Simpson, Edward Hugh 109
Spaht, Carlos G. 156
Steiner, Jakob 108
Strassnitzky, L. K. Schultz von 75
Styer, Robert 34

Tanton, James 20, 134, 154
Teimoori, H. 78
Touhey, Pat 110
Tyson, Joey 174

Unal, Hasan 56, 127, 140, 161

Viewpoints 2000 Group 157
Viviani, vincenzo 20, 21

Walker, Thomas 159
Walser, Hans 130, 131
Wang, Long 55
Webber, William T. 54
Weierstrass, Karl 85
Wu, Rex H. 62, 66, 74, 77

中文人名索引

C. 彼得 · 劳斯 27
E. 阿扎尔帕纳 82
H. 泰莫里 78
L. K. 舒尔茨 · 冯 · 斯特拉尼斯基 75
M. N. 德什潘德 32
M. 巴亚特 78
M. 哈桑尼 78
P. D. 巴里 76
The Viewpoints 2000 157

阿菲尼尔 · 弗洛雷斯 93, 117, 164
阿基米德 40, 41, 120
阿马德奥 · 蒙雷亚尔 26
阿瑟 T. 本杰明 115
爱德华 · 休 · 辛普森 109
埃德温 · 贝肯巴克 93
艾萨克 · 牛顿 63
安德烈 · 安德烈耶维奇 · 马尔可夫 110
安赫尔 · 普拉萨 18, 119, 131, 139
奥古斯丁 · 路易斯 · 柯西 96-99
奥田真吾 58

布莱恩 · 布雷迪 61

查尔斯 · 赫顿 75
陈明江 136
川崎健一郎 21

戴维 B. 谢尔 135
戴维 · 莱昂斯 162
戴维 · 里奇森 55

德里克 · 克里斯蒂 168
德斯 · 麦克海尔 19, 173
蒂莫泰 · 杜瓦尔 114

恩斯特 · 埃里希 · 雅各布斯塔尔 150

范兴亚 104
菲利普 R. 理查德 24

哈桑 · 乌纳尔 56, 127, 140, 161
汉斯 · 瓦尔泽 130, 131
赫尔曼 · 阿曼杜斯 · 施瓦茨 96-99
胡安-博斯科 · 罗梅罗 · 马克斯 95

贾科莫 · 坎迪多 50
伽利略 · 伽利莱 164
姜卫东 103
杰弗里 A. 坎达尔 73
杰吉 · 科斯克 109

卡尔 · 莫尔韦德 62
卡尔 · 魏尔斯特拉斯 85
卡洛斯 G. 斯巴特 156
凯瑟琳 · 堪尼姆 120
凯文 · 休斯 176
克雷格 M. 约翰逊 156
克劳迪 · 阿尔西纳 6, 12, 13, 26, 59, 96, 99, 101, 106, 127, 178

拉里 · 赫恩 9, 60
莱昂哈德 · 欧拉 57, 77

莱昂纳多·斐波那契 128-132
雷克斯 H. 吴 62，66，74，77
理查德 L. 奥勒顿 129
理查德·贝尔曼 93
理查德·哈马克 162
罗伯特 J. 马克 G. 道森 169
罗伯特·斯泰尔 34
罗布·普拉特 105
洛伦·拉尔森 143

马丁·格里菲斯 150
马丢贝克·坎格辛 102
马克·钱伯兰 25，86，165
马特·赫德尔森 163
马修 J. 海恩斯 145，166
马修·博德 54
迈克尔 A. 琼斯 145，166
曼纽尔·莫兰·卡布尔 10
穆尼尔·马赫穆德 49

尼古拉斯·桑福德 167
尼克·洛德 88
帕拉梅斯·洛辛查 126
帕特·图伊 110
朴普星 46

乔·德梅约 174，175
乔斯 A. 戈麦斯 3，170
乔伊·泰森 174
乔治·哥尔多尼 123

任关申 14，15
瑞克·马布里 153

萨莫斯的毕达哥拉斯 3-15，170，171
萨绍·卡莱季耶夫斯基 116
史蒂文 J. 切弗维特 89

汤姆 M. 阿波斯托尔 172
唐·戈德堡 57
唐纳德·哈蒂格 80
蒂莫泰·杜瓦尔 114
托德 K. 佩尔蒂埃 176
托马斯·沃克 159

王龙 55
威廉 F. 小切尼 67
威廉 T. 韦伯 54
威廉·德里克 23
威廉·洛厄尔·普特南 169
温琴佐·维维安尼 20，21
文森特·费利尼 83

西德尼 H. 昆 17，30，85，90，98，102
希俄斯的希波克拉底 44-45
小林由纪夫 47，48，81，142
休 A. 桑德斯 164
许南谷 5

雅各布·斯坦纳 108
亚伯拉罕·阿卡维 117
亚历山大的海伦 16
亚历山大的帕普斯 7，96
亚历山大的托勒密 22，23，101，102
亚历山德罗·帕多阿 107
约翰·恩瑟·利特尔伍德 177

詹姆斯·柯比 53
詹姆斯·唐东 20，134，154
詹姆斯·希尔施泰因 23